U0896952

人生絮说

邢启邦 著

山东人民出版社
国家一级出版社 全国百佳图书出版单位

序

《人生絮论》以已出版的《人生絮语》和《人生絮言》为基础，增加新的章节和内容而集成。

它以人生为主线，以德慧、励志、情缘、社交和人生为内容，记录人生所顿所悟的花絮。

宇宙洪荒，天地玄黄，上下五千年，万事万物都按自身规律运行，但殊途同归，其哲理的内核是相同的，所不同的只是其表现形式而已。

人受启发和开悟，有时是一个故事，有时是一句话，有时是一件事……我们有时无法改变世界，但可改变对世界的态度；有时无法改变现实，但可改变对现实的认识。

笔者从事过科研工作，领略过从技术员

到院士的风采；从事过管理工作，感悟过一般工作人员到部级领导干部的气度；从事过商贸工作，欣赏过个体到大儒商战的硝烟。

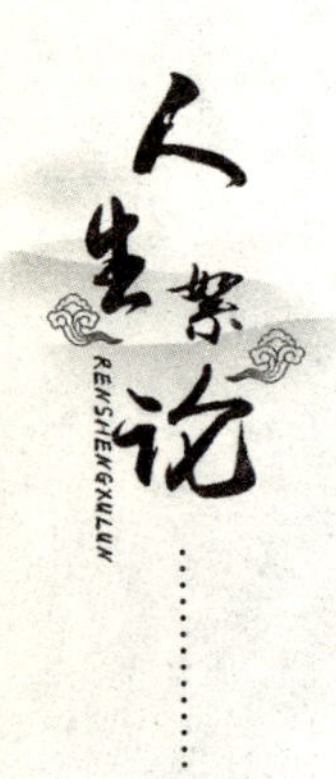

对为官者而言，谨记“涉官勿贪铭黄雀坠深渊，入政勿腐记青蛙落枯井”的为官之道；对立世者而言，铭记“懂天外有天方知自微，晓人外有人方知自轻”的立世之道；对立业者而言，心记“集万众创业之力拓实业兴邦之路，聚大众创新之智圆中华腾飞之梦”的立业之道；对学生而言，牢记“德不修不立，行不规不正，学而不思废，思而不学退”的治学之道。

所顿所悟若能给有缘的读者在科研上带来一丝丝的灵感、事业上一毫毫的启迪、爱情上一厘厘的启发、学业上一点点的激励，是小作之愿，殷盼与有缘者相遇。

在小作形成之际，得到友人和读者的鼓励与支持，深表谢意！

邢启邦

2017 年春于济南

目　录

德
慧

为国之道，当先治法，
为帅之道，当先治德。

政从法来，德从修来，
财从德来，位从为来。

廉能生德，德能生福，
福能生财，财能生旺。

德厚人清，人清气正，
品厚人博，人博仁爱。

智者必谦，善者必容，
恶者必霸，劣者必损。

德行多厚，舞台多宽，
德品多博，财富多广。

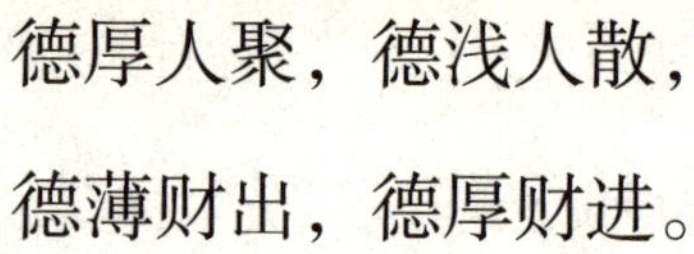

德厚人聚，德浅人散，
德薄财出，德厚财进。

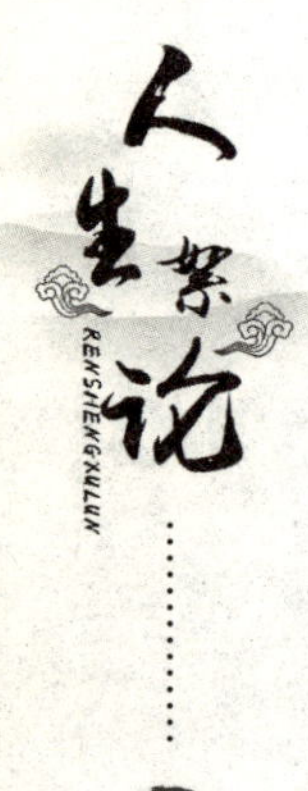

俭能生廉，廉能生正，
正能生静，静能生悟。

悟能生道，道能生容，
容能生德，德能生财。

内心若静，外在无风，
命运在手，德运在心。

小胜靠智，大成靠德，
德品为基，成功之源。

居上不逞，居下不馁，
待上以敬，待下以宽。

人生如棋，落子无悔，
人生如梦，且行且悟。

仁者不忧，智者不惑，
善者不恶，勇者不惧。

智者不锐，慧者不傲，
借人之智，完善自修。

谋者不露，强者不暴，
借人之德，超越自我。

富而不贪，贵而不扈，
烦而不恼，累而不懈。

做人之道，做局之术，
做事之技，铭烙于心。

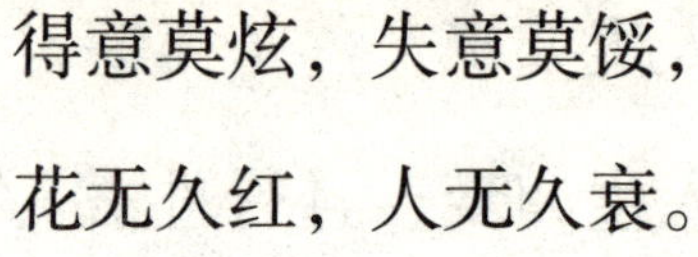

得意莫炫，失意莫馁，
花无久红，人无久衰。

谋事在人，成事在天，
多谋善断，惜时善用。

做人像水，做事像山，
名利向后，困难向前。

舞台再大，戏完人散，
宴席再盛，终有一别。

春逝夏来，秋去冬接，
世间万物，周而复始。

静中修心，动中修德，
思中修过，行中修身。

牢记所得，忘记所付，
笑口常开，倩丽自来。

依心而动，依力而行，
依感而发，依想而为。

做人如山，坚如磐石，
做事如水，从善如流。

知羞而学，知过而改，
知辱而起，知耻而勇。

心存善者，其福自来，
心存恶者，其福自去。

田中苗壮，不易长草，
心中念善，不易生恶。

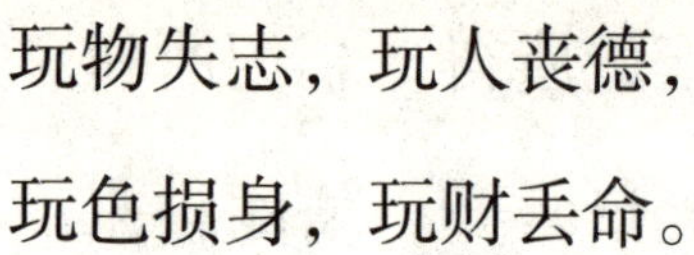

玩物失志，玩人丧德，

玩色损身，玩财丢命。

直言招烦，漏言招泄，

诺言招失，巧言招伪。

怨言招伤，诽言招祸，

恶言招恨，祸言招害。

智者与虑，庸者与志，

善者与谦，恶者与扈。

慧者和蔼，傲者自大，

贤者慈祥，霸者专横。

爱易和睦，恨易争端，

怨易是非，仇易两伤。

尊师者上，尊长者高，
重友者义，重己者失。

知人善任，量才而用，
各尽所能，各得所需。

思维不同，眼光不同，
境界不同，结局不同。

居安思危，方能化险，
居危思安，方能化危。

微积而疏，疏积而祸，
怨积而恨，恨积而仇。

廉则生威，正则生胆，
仁则生爱，容则生德。

欲治其国，先正其法，
欲正其法，先修其身。

欲修其身，先正其心，
欲正其心，先修其诚。

欲修其诚，先正其意，
欲正其意，先修其道。

德者心亮，智者心清，
仁者心平，知者心明。

明者不惑，仁者不愁，
德者不忧，勇者不惧。

君安于德，小安于利，
君安于法，小安于惠。

家有万担粮，一日食三餐，
身有万贯钱，黑白均一天。

岁月是日月，感情是现实，
岁月无天荒，感情易地老。

心静行则正，心乱行则歪，
品正行则端，品歪行则斜。

集社会之力，聚万国之财，
开成功之门，拓智慧之路。

做事先做人，做人先修德，
待人退一尺，后路宽一丈。

心正邪不侵，德正歪不入，
有德自然清，无德自然浊。

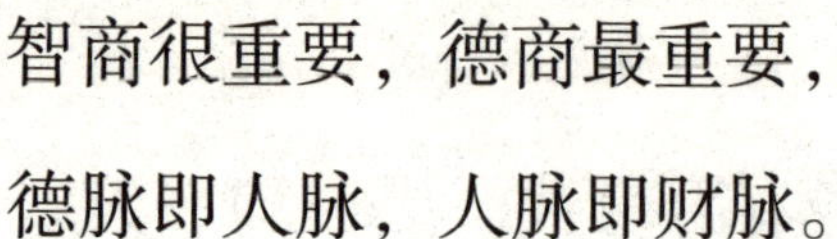

智商很重要，德商最重要，
德脉即人脉，人脉即财脉。

懂生命之重，淡荣辱之轻，
知生活之本，悟奋斗之重。

痛苦缘于比，烦恼缘于心，
淡定心不伤，淡然心不衰。

大智者必谦，大善者必容，
大才者必慎，大德者必顺。

小智者必骄，小善者必薄，
小才者必华，小德者必守。

唇损则齿寒，门破则堂危，
志失则人毁，德毁则人灭。

不自见故明，不自是故彰，
不自矜故长，不自显故谦。

眺潮起潮落，赏花谢花开，
随缘聚缘散，看人走人留。

人以德为先，品以正为先，
修以行为先，事以勤为先。

品行是内涵，修养是素质，
名誉是外表，容颜是长相。

原谅是风度，宽容是胸怀，
忍让是涵养，宽恕是潇洒。

看穿勿说穿，看破勿说破，
看透勿说透，看明勿说明。

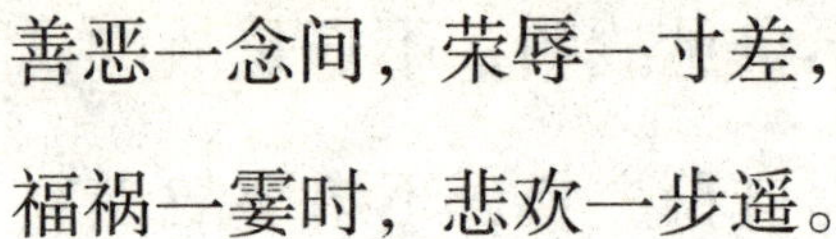

善恶一念间，荣辱一寸差，
福祸一霎时，悲欢一步遥。

成功且谦虚，得意且谨慎，
富贵且仁慈，风光且收敛。

淡泊者心清，心清则志明，
奢靡者心浊，心浊则淫乐。

修德先修心，心净则意纯，
品纯歪不入，德正邪不进。

心惊则体颤，心虚则体歪，
心静则体正，心实则体健。

学而不思废，思而不学退，
德不修不立，行不规不正。

爱人先自爱，自爱先自律，
自律先自省，自省先自悟。

面对非议时，无愧心则安，
身遭诬陷时，无愧神则定。

智者低调谦，愚者专横扈，
智者大度容，愚者逢事争。

智者善与赞，愚者恶与怨，
慧者聪而仁，拙者散而乱。

智者显容笑，愚者冷若冰，
智者三缄口，愚者口不择。

君兰藏于谷，不因人不芳，
君子泰而处，不因人不晓。

贪是万恶之源，私是万恶之本，
贪欲升德行偏，私欲多德品歪。

人品以正为贵，心地以善为高，
做人合乎大德，做事合乎大道。

风采展示未来，德慧实现未来，
不与领导争辉，不与同级争宠。

德是立世之基，基固枝繁叶茂，
基薄枝衰叶黄，基毁枝枯叶落。

大德才能大贵，大贵才能大成，
大成才能大财，大财才能大兴。

君子内修于德，小人内修于利，
君子外修于行，小人外修于型。

君子以同为朋，小人以酒为友，
君子以正为贵，小人以利为先。

智者知错就改，愚者固执己见，
智者委婉拒绝，愚者冷漠如霜。

狂而不坦必失，幼而不实必毁，
空而不信必伤，骄而不诚必败。

正不伸邪不除，邪不除正难伸，
法不严恶不去，恶不去法难扬。

称一称知轻重，量一量知长短，
查一查知好恶，看一看知黑白。

幸福靠自己创，快乐靠自己找，
心态靠自己调，梦想靠自己追。

越走越远是远方，越走越短是道路，
越走越少是时间，越走越明是人生。

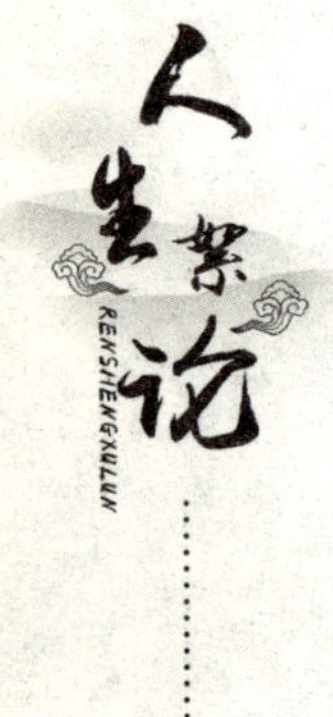

方寸间瞬变千万，岁月里冷暖流转，
命运里悲喜相间，人生路曲折蜿蜒。

春雨沙沙雾蒙蒙，柳絮舞舞意萌萌，
和煦春风普大地，万物滋润感恩中。

他人可替你开车，但不能替你走路，
他人可替你做事，但不能替你感受。

成功不因会做事，成功只因会做人，
凡事心小则事大，凡事心大则事小。

宽容他人是肚量，谦卑自律是雅量，
脾气洒出叫本能，脾气压回叫本事。

土可浊河不浊海，风可拔树不拔山，
莫惧浮云遮眼望，待到云开见太阳。

风起时笑看落花，风停时淡看浮云，
冷眼大度看世界，从容自在享生活。

欲成大事必容人，容宽德高功自大，
勿将情绪写于脸，挫折烦恼藏于心。

德才兼备是正品，有德无才是次品，
无德无才是废品，有才无德危险品。

今古庸人败于惰，古今人才毁于傲，
世上荣耀与辉煌，皆源正道与大德。

孤单非身边无人，而是心灵无归属，
最佳状态是平衡，最高状态是自然。

有德之人人相助，无德之人人相残，

凡事有度过易折，凡语有尺过易伤。

人高在忍方为智，人贵在善方为慧，

人杰在悟方为高，人德在仁方为尚。

无理辩三分失颜，得理不让人失尊，

切莫当众议人隐，勿要当面揭人短。

口无遮拦难成事，胸无大志难成业，

事有余地备后路，话不说绝留退路。

心气宜高姿态低，心胸宜宽心态平，

自爱利于家庭睦，博爱益于社会和。

见要思是否看明，听要问是否听清，

事要虑是否谨慎，话要想是否谦恭。

以铜为镜可正衣冠，以史为镜可知兴衰，
以人为镜可明得失，以事为镜可晓是非。

不合道义之事不做，不合道义之话不说，
不合道义之财勿贪，不合道义之物勿取。

气不顺时有言必失，心不静时做事必败，
玉树千年一夜枯荣，人生百年毁于一旦。

人生岂为心情而活，靠心态去编织生活，
人生像一瓶浑浊水，唯静心能澄清生命。

睿智人看透故不争，德厚人谦和故不急，
豁达人想开故不斗，明理人释怀故不燥。

生气是因不够大度，郁闷是因不够豁达，
焦虑是因不够从容，悲伤是因不够坚强。

心里有灯岂怕路黑，心中无云岂怕雨天，

心里有正岂怕影歪，心中无愧岂怕鬼蜮。

德厚重谦和故不躁，明理放得下故不痴，

自信肯攀登故不误，重义交天下故不孤。

宁静淡名利故不独，致远行深高故不折，

知足常快乐故不老，青春彰靓丽故不衰。

切勿盲目追求学历，学历高素质低尚存，

切勿盲目追求水平，水平高素质低尚有。

舍不得曾经之精彩，放不下尘封之是非，

留不住过往之辉煌，输不起人生之失败。

成熟者看透勿问往，聪明者看明勿问现，

豁达者看开勿问未，理智者看清勿问惑。

秋露秋寒秋深夜寒夜，

秋风秋雨秋心结连结，

淡看庭前花园花红花，

笑观天空云彩云卷云。

纵有万众羡慕之容貌，

金山银山无数之财富，

心若被困四处是牢笼，

心若平静斗室是天堂。

有财要俭否则生奢侈，

有识要谦否则生骄傲，

背不动放下即是睿智，

想不通丢开即是豁达。

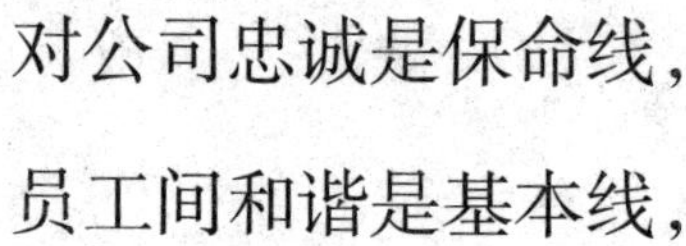

对公司忠诚是保命线，
员工间和谐是基本线，

业绩少但忠诚可挽留，
不忠诚再精明必淘汰。

长得帅己不知是气质，
有涵养他不晓是修养，

把脾气发出来是本能，
把脾气压下去是本事。

怨恨一笑而过是宽容，
赞扬一笑而过是谦虚，

烦恼一泯而过是释然，
仇恨一泯而过是胸怀。

心灵之火在梦想中燃烧，
心中之梦在追逐中来临。

翠竹虽弯腰然坚忍不拔，
稻穗虽弯腰然丰满厚重。

勿执着于令己痛伤之事，
勿追逐于无来日之曾经。

训而不弃之员工可培养，
压而不屈之员工可重用。

蜘蛛坐享其成靠关系网，
对虾大红之日是大悲时。

时间可磨平命运之忧伤，
岁月可洗礼人生之无奈。

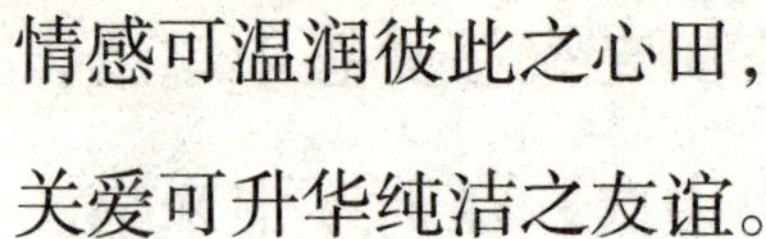

情感可温润彼此之心田，

关爱可升华纯洁之友谊。

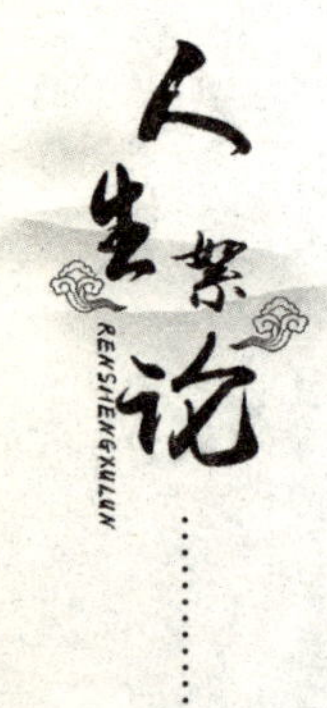

勿让平庸腐蚀生命热力，

要用德慧增强生命热度。

心念常惺可达纤尘不染，

拨世尘氛可达两袖清风。

掠夺世物必受天道之谴，

贪攫世味必受天性之责。

涉官勿贪铭黄雀坠深渊，

入政勿腐记青蛙落枯井。

心底无私方能光明正大，

心灵纯洁方能一尘不染。

贪得财物虽身富但心贫，
两袖清风虽身贫但心富。

评人之误切勿苛刻尖利，
育人之道切勿期值过高。

处世不邀功无过便是功，
处事不求全无疏便是全。

资慧之人应遵敛才藏光，
富贵之家应循宽厚仁德。

清廉者勿求廉名必立世，
贪腐者追求廉名必身败。

私利似烈焰不灭不自消，
贪欲如猛火不扑不自灭。

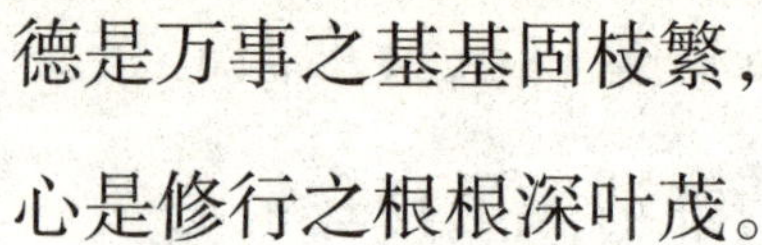

德是万事之基基固枝繁，
心是修行之根根深叶茂。

手持千金可以装修豪宅，
心怀大德可以装修身心。

心胸犹如天空博大无垠，
深情宛如渊泉幽深甘甜。

君子居深山老林变闹市，
盗贼住高楼大厦变废墟。

居上而宽方能治理四方，
居下而仁方能团结四周。

君子迟缓于言而敏于行，
小人快言于语而缓于动。

水之澈非无杂而于沉淀，

人之慧非无明而于时机。

天之阔非无界而于追寻，

人之伟非无出而于天时。

君子成人之美必其后乐，

慧者成人之善必其后喜。

切记恼怒之时决不失态，

务记失败之时决不失度。

在气头上切莫说过头话，

在愤怒时切莫做过头事。

直话可以转弯说莫伤脸，

冷语切忌说出口莫伤尊。

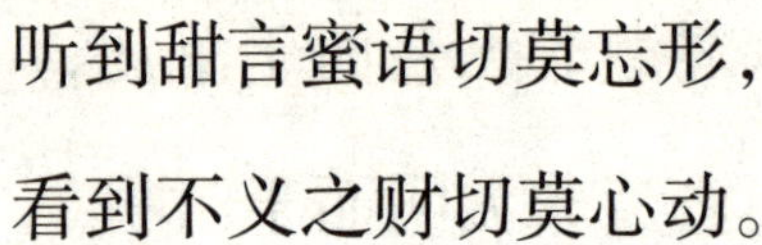

听到甜言蜜语切莫忘形，
看到不义之财切莫心动。

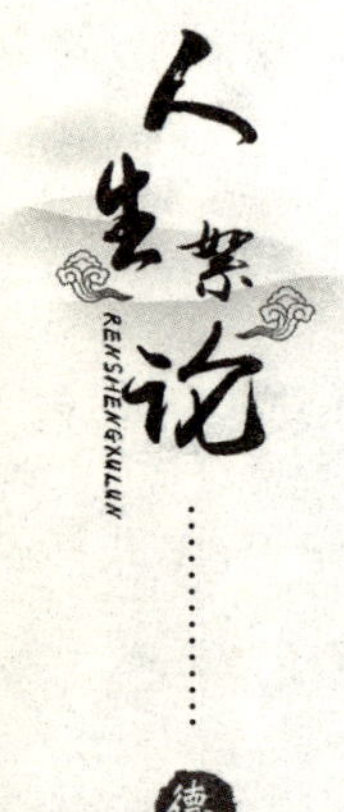

有些可以选择永远把握，
有些必须学会永久放弃。

屈时能忍人间难忍之事，
伸时能藐世间难藐之人。

天赐福薄则以厚德相应，
天赏体劳则以恬逸相对。

多干少说人心自有秤砣，
不攀不比勿自己气自己。

花朵因蝴蝶爱恋而美丽，
人生因追求卓越而精彩。

万事随缘但不放弃追求，
万事随风但不放弃选择。

正人先正己己则生威严，
正己先正心心则生无私。

少回忆过去多憧憬将来，
少回顾过去多展望未来。

华贵外表不如高贵心灵，
追逐财富不如修身养性。

用爱心来做事必做善事，
用感恩心做人必做善人。

争权夺利不如提升能力，
争荣抢誉不如胸存浩气。

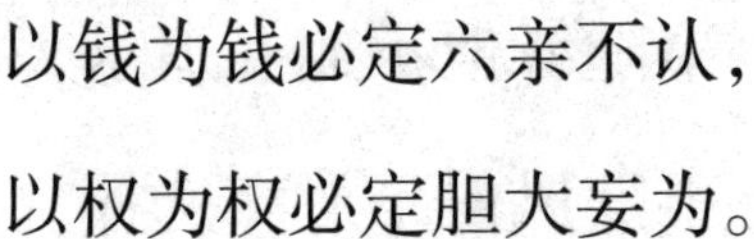

以钱为钱必定六亲不认，

以权为权必定胆大妄为。

锋芒毕露者时时树暗敌，

谦虚谨慎者处处交友朋。

人无信不成百事不可为，

人无诚不立千事不可信。

瀑布居高且可口若悬河，

钢锯锋利且专做离间事。

过则罚不罚不足明事理，

功则奖不奖不足扬威名。

胜而非胜具谦让之胸襟，

赢而非赢具君子之胸怀。

站之巅方可观远而心则明，
学之深方可理透而心则清。

敦厚淡泊之人必宽宏大量，
圆润融道之人必福星高照。

看破红尘来去空私欲自息，
领悟无为天地缘心月独明。

污秽之地易长草污中见污，
德君之士容屈辱德中见德。

夸逞功业靠外力功不可长，
建立功勋依内力功不可短。

居官从政之道以清廉为先，
为人处世之说以和谐为高。

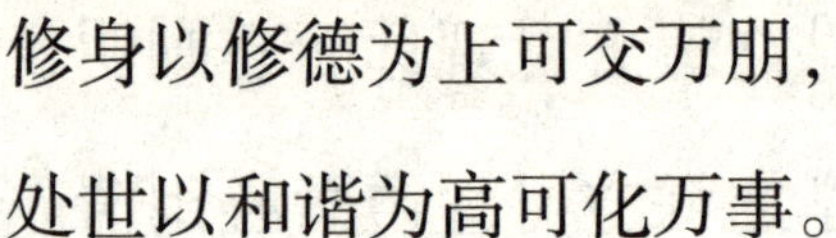

修身以修德为上可交万朋，

处世以和谐为高可化万事。

居上位不欺下是高德所为，

处下位不攀上是高修所果。

敢与天下人乐其乐而后乐，

试与天下民忧其忧而后忧。

君子居心于仁必抚爱于人，

仁士居心于礼必恒敬于人。

君子无须将愤怒藏于胸中，

仁士无须将怨恨埋于心底。

看淡名利灵魂会得到释放，

看淡金钱身心会得到释然。

金钱越是看淡心灵越平静，
名利越是看淡心灵越泰然。

聪明人小事糊涂大事睿智，
低调者韬光养晦大智若愚。

勿在忧伤者面前阔论欣喜，
勿在悲伤者面前海论愉悦。

智者受到赞美时字字反思，
愚者受到批评时句句辩驳。

放声笑一回笑就笑出豪迈，
大胆哭一场哭就哭出悲壮。

用开怀之笑容去拥抱黎明，
用追求之精神去迎接挑战。

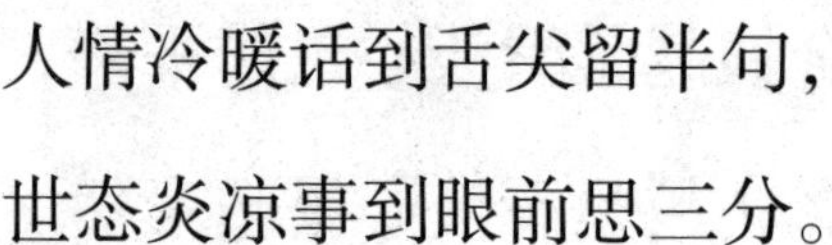

人情冷暖话到舌尖留半句，
世态炎凉事到眼前思三分。

阴暗之处长不出参天大树，
心胸狭窄享不到阳光明媚。

世上树木千奇百怪千千万，
人间花草姹紫嫣红万万千。

生气之时开口前先数到五，
愤怒之时爆发前先数到十。

山不释高度无损耸立云端，
海不释深度无损容纳百川。

天不释宽度无损浩瀚无垠，
地不释厚度无损承载万物。

听晨钟暮鼓悟人生跌宕轮回，
观云卷云舒思命运几上几下。

善言可使人走出自卑之困境，
善语可使人走上成功之道路。

施恩取悦于人不如施德为厚，
以怨报怨于人不如解怨为高。

持身涉世对名不可沽名钓誉，
处世立身对利不可希求偏财。

荣耀之旁屈辱等故不必声声，
贫穷之侧富裕待故无需戚戚。

动时处事务必自修以避常过，
静时处事务必自省以避自短。

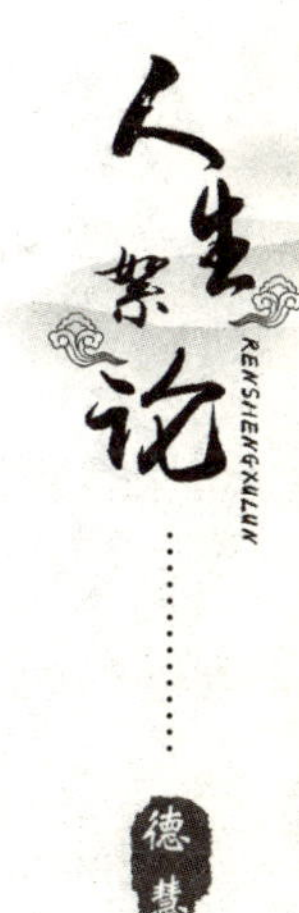

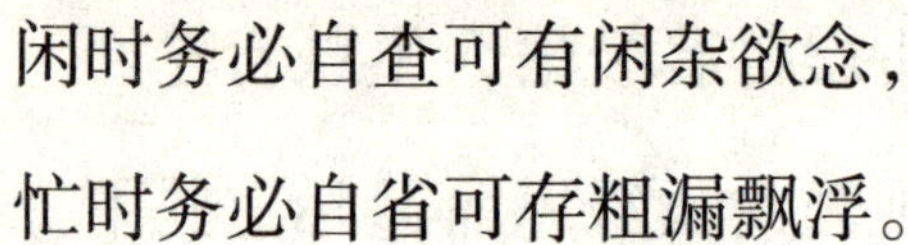

闲时务必自查可有闲杂欲念，

忙时务必自省可存粗漏飘浮。

施恩行善宜重其实不居其名，

助人为乐宜重其心不居其语。

立德之基才能负担尘俗之事，

开善之门才能承担爱心之责。

智人观物外之物修贪婪之心，

慧人思身外之身怀超凡之胸。

做人若无真恳之念恰如风幻，

做事若无圆通之意恰似枯木。

官处权门要路务要操履严明，

人处低门窄路务要养精蓄锐。

人居富贵地须念贫寒之疾苦，
人处少壮时须怀老年之辛酸。

己之困辱宜怀宽容克制之心，
人之屈伤宜怀解济相助之念。

有成必有败故求成务必偏苛，
有生必有死故养生务必偏劳。

德厚之人必有五湖四海之朋，
德仁之士必有七洲四洋之友。

与民同乐举国上下歌舞升平，
与民同享普天同庆太平盛世。

愚痴之人乞望别人奉承自己，
智慧之人渴望别人指引自己。

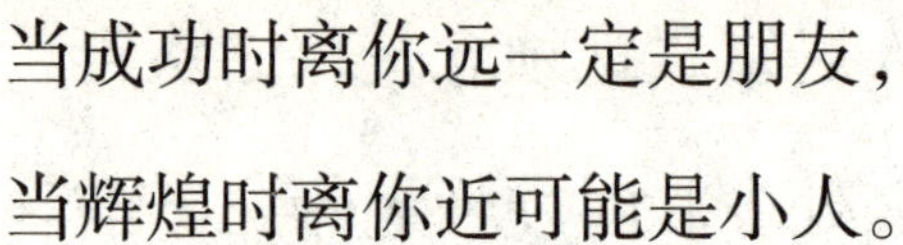

当成功时离你远一定是朋友，
当辉煌时离你近可能是小人。

资源共享利益均沾才能双赢，
单打独斗利益独吞迟早淘汰。

欢乐时陪笑之人非能陪你哭，
悲伤时陪哭之人且能赔你笑。

顺境时勿沾沾自喜忘乎所以，
逆境时勿悲观失望萎靡不振。

有钱之人把房屋装饰得华丽，
有德之人把身心修养得高尚。

工作失误时要及时承认错误，
工作成功时要随时戒骄戒躁。

脑袋用来思考天地万事万物，
眼睛用来观察乾坤人间冷暖。

不论什么气处之坦然为高人，
从不气人自己不生气为真人。

永远追求快乐忧伤自然回避，
永远追求成功失败自然躲藏。

心性需修养如禾苗需要阳光，
心灵需升华如玉石需要雕琢。

勿时时追求完美将远离苦恼，
勿事事吹毛求疵将知足常乐。

勿在悲伤者面前谈论喜悦事，
勿在失落者面前谈论成功话。

外面受气回家杀气是无能之举，
外面大气回家和气是君子之为。

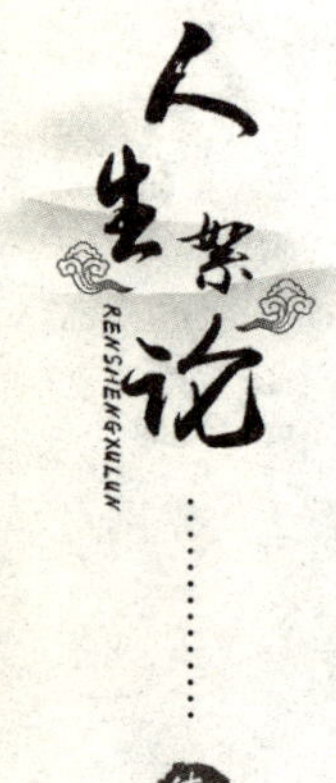

与聪明人为伍会更加聪慧睿智，
与优秀人为友会更加出类拔萃。

一虫一鱼勿轻伤残为君子所品，
一缕一丝毋庸贪污为清官所行。

一念私欲染洁为污毁一生清品，
一丝贪念削钢为柔损一世正气。

绝妙纯熟之文无他奇只是恰好，
德高望重之人无他异只是自然。

功勋卓著者多属恭心圆通之士，
刚愎自用者多属固执拗戾之人。

君子外表素淡而德慧日益彰明，
小人外表艳丽而德道日渐消失。

种树者必培其根方可枝繁叶茂，
修德者必养其心方可心慈念善。

人要沛然心要怦然人生才陶然，
人要淡泊心要淡定命运才淡然。

坦然接受生活给予公正之馈赠，
欣然接受命运给予合理之安排。

同事因工作才相遇勿妄自菲薄，
领导因工作才相识须以礼相待。

家长和孩子较量永远没有成功，
温柔之母正直之父儿女不叛逆。

容颜不一定要十全十美本真最好，
爱人不一定要十全十美互爱最佳。

议人长短不如取人之长补己之短，
论人贫富不及取人之经补己之训。

仕途赫盛常思林下权势之念自轻，
官运赫顺常念泉下私欲之意自淡。

路经窄处让一步与人行道路畅通，
美食玉液减三分与人食共享其乐。

平时勤俭持家即使荒年不惧饥寒，
平日积德行善纵然乱世不失正道。

悲忧惊恐易伤肝心胸宽容可撑船，
贪财迷色易损命清正廉洁美名传。

费千金结富豪不如取半瓢济饥饿人，
用万锭建广厦不如取半银济孤寒士。

士人有鸿鹄之志才生万变不穷之智，
武人怀德慧之品才产力推三峰之力。

淡泊是山野美丽之小花悠闲地开放，
潇洒是人生旅途之尘路崎岖地延伸。

不给别人面子其实是不给自己台阶，
不给别人台阶其实是不给自己面子。

把简单动作练到出神入化即是绝招，
把平凡小事做到炉火纯青即是绝活。

善者无论气势多凶暴却不做诡诈事，
恶者无论言词多动听却笑中藏杀机。

励志

事成于勤，名成于才，
德成于修，品成于行。

先知三日，富贵十年，
先知十日，富贵一生。

若无苦难，人会忘记，
若无沧桑，人会忘却。

地里苗旺，不易长草，
脑若常用，不易生锈。

心清于淡，心静于修，
心平于度，心和于顺。

无俭无廉，无德无品，
无公无正，无清无明。

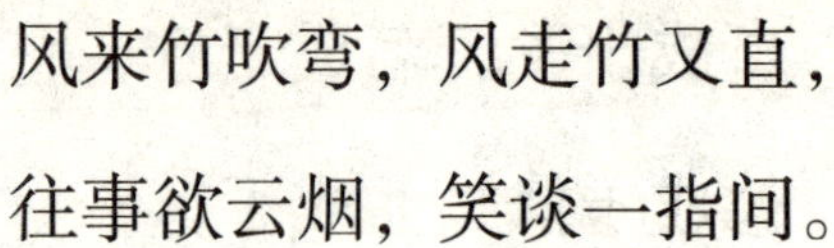

风来竹吹弯，风走竹又直，
往事欲云烟，笑谈一指间。

丰富助思考，简单便实行，
遇事则潇洒，看事则糊涂。

恨能挑争端，爱能遮过错，
想人之所想，忧人之所忧。

狡兔有三窟，宝马有备胎，
认错从上始，表功从下先。

做擅长之事，说常理之话，
尊人是美德，受尊是幸福。

衣着显类群，衣着显修养，
衣着显风度，衣着显内涵。

竞争是终身，输赢是暂时，
得而心无疚，失而心无悔。

人生喻长跑，意志之比拼，
毅力之比较，耐力之较量。

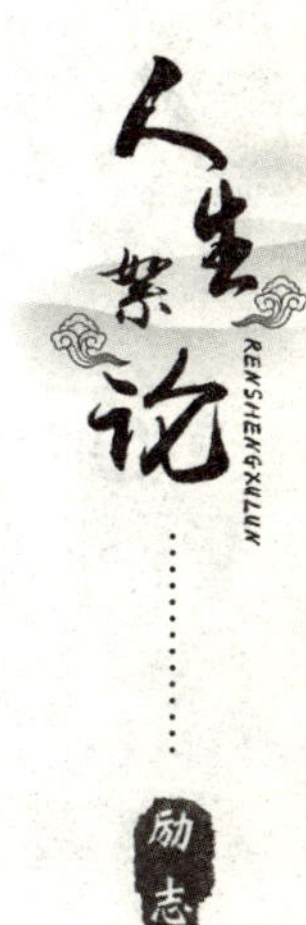

人心喻容器，装乐多烦少，
装喜多愁少，装笑多结少。

简单事细做，复杂事精做，
若要人前贵，必先人受罪。

招人之秘籍，招三流人才，
干二流工作，发一流工资。

要有着眼点，又有落脚点，
前者是战略，后者是战术。

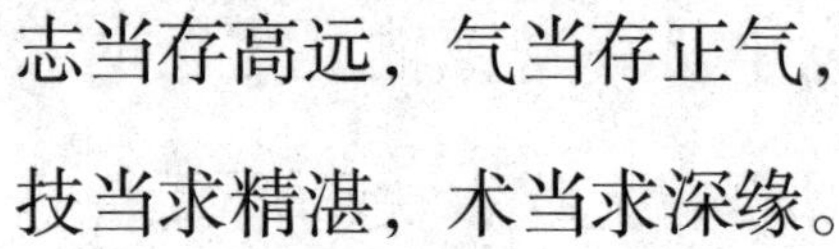

志当存高远，气当存正气，
技当求精湛，术当求深缘。

山愈深愈幽，水愈深愈静，
德愈修愈厚，品愈修愈高。

智者创机遇，强者握机遇，
弱者等机遇，愚者失机遇。

读书在其悟，干事在其巧，
说话在其虑，交友在其诚。

峰高无坦途，海阔无平静，
羊肥先出栏，猪壮先挨刀。

得意勿狂妄，失意勿悲伤，
成功勿骄傲，失败勿自馁。

得势勿骄横，得意勿忘形，
乐极易生悲，福极易生灾。

想干给机会，能干给平台，
干好给荣誉，不干给危机。

读书生才气，忍辱生志气，
淡利生正气，宽容生大气。

花开需浇水，结果需施肥，
爱情需培育，家庭需经营。

有风驶到尽，无风潜海底，
有浪走浪头，无浪走浪尾。

科学追求真，道德追求善，
艺术追求美，爱情追求纯。

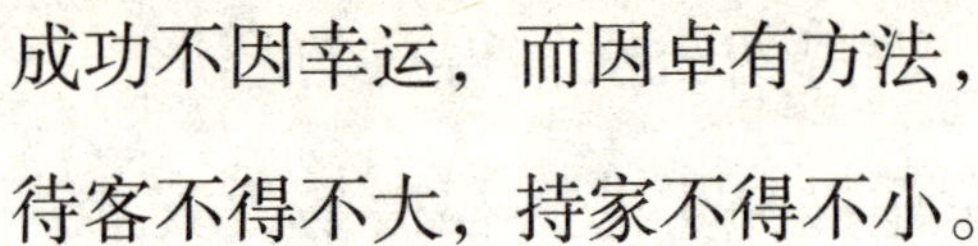

成功不因幸运，而因卓有方法，

待客不得不大，持家不得不小。

不能左右天气，但能改变心情，

不能改变现状，但能改变心态。

己之短不可藏，己之长不可扬，

以谦卑心看人，以恭敬心看事。

得到需要智慧，放弃需要勇气，

用感恩心做人，用真爱心做事。

其实本无假如，人生不可重来，

胸襟决定气度，境界决定高下。

错过云还有月，错过风还有雨，

错过昨还有今，错错岂能再错。

勤勉大于天赋，勤奋成就成功，
懒惰摧毁天才，私欲摧毁人才。

下对注赢一次，跟对人赢一世，
不识货苦一次，不识人苦一世。

伟人讨论思想，高人讨论事件，
凡人讨论事情，小人讨论私杂。

珍生命懂享受，惜生活体甘甜，
自如驾驭金钱，幸福牢抓手中。

复杂事简单做，简单事认真做，
认真事重复做，重复事创新做。

目标引领成长，过程充盈人生，
境界提升形象，德智助力辉煌。

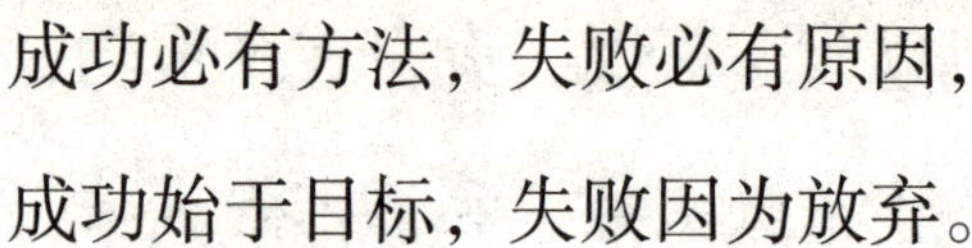
成功必有方法，失败必有原因，
成功始于目标，失败因为放弃。

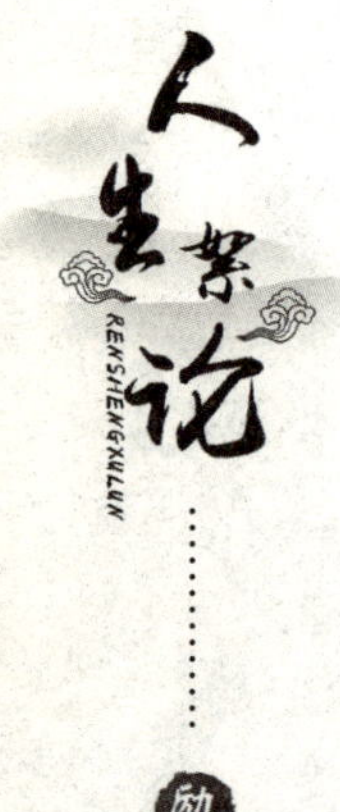

爬山要懂山性，游水要懂水性，
做人要懂人性，做事要有理性。

人生就像迷宫，上半生找入口，
下半生找出口，最终他哭你笑。

做人优于做事，务把大事做细，
务把小事做精，方能极致辉煌。

无远虑必近忧，人顺时找备胎，
人逆时找退路，失意时找出路。

有爱心必和气，有和气必愉色，
有愉色必婉容，有婉容必欣赏。

勿图无所不有，否则一无所有，
勿图无所不知，否则一无所知。

官位可增权力，但不增加权威，
官衔可增名声，但不增加威望。

无法改变出生，可以改变人生，
无法改变风向，可以调整风帆。

望天地之悠悠，思山峦之长长，
看古今之岁月，观日月之轮回。

要倾诉勿控诉，要难忘勿遗忘，
要支持勿支配，要宽容勿纵容。

智慧不分男女，学问不分老幼，
七岁童知称象，八旬翁不识丁。

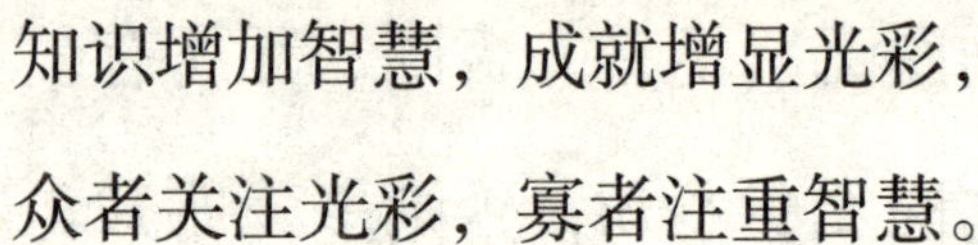
知识增加智慧，成就增显光彩，
众者关注光彩，寡者注重智慧。

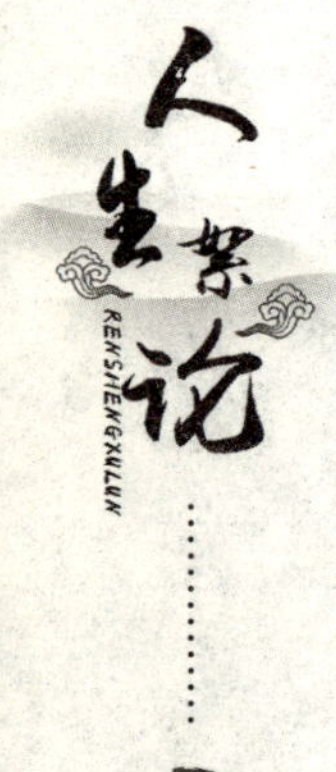

玉不琢不成器，人不学不成材，
田不养不成肥，路不修不成坦。

读书贵于用心，用心贵于悟道，
修身贵于坚持，坚持贵于用道。

可夺三军之帅，勿掠匹夫之意，
可戮武士之躯，勿弑勇将之志。

绝望中求希望，绝地中求生存，
失败中求成功，平庸中求辉煌。

与其临海羡鱼，不如提前结网，
与其临林羡果，不如提前栽树。

人生要有梦想，生活要有目标，
人生要有追求，生活要有态度。

修德方能净心，修品方能无贪，
修身方能入道，修心方能无欲。

富不学富不长，穷不学穷不尽，
人不学智不长，人不干懒不尽。

眼睛可以近视，目光不能短浅，
没有绝望之境，只有绝望之人。

心不静则行歪，心不平则生乱，
行不规则出祸，行不检则生灾。

志在山顶之人，莫贪山腰之景，
逃避总有借口，成功总有办法。

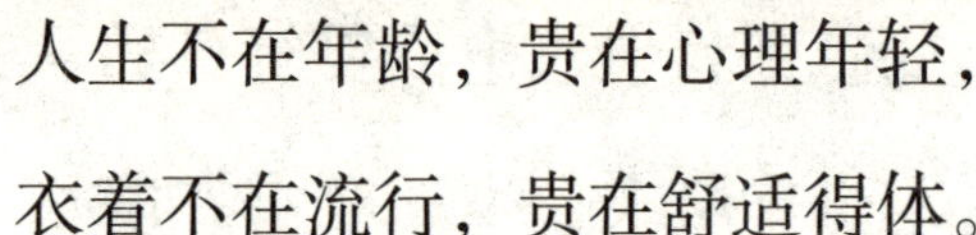

人生不在年龄，贵在心理年轻，
衣着不在流行，贵在舒适得体。

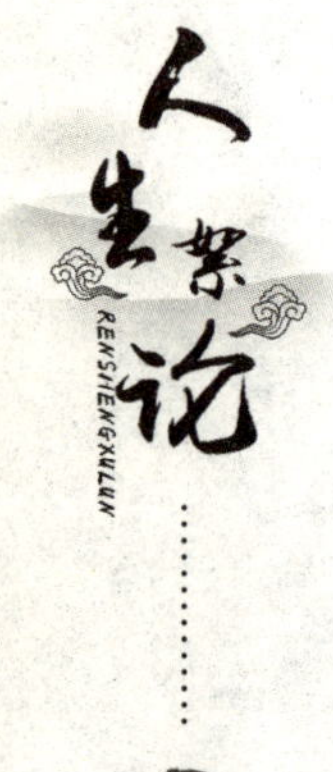

卸下所有负担，忘却曾经疼痛，
抚平心灵创伤，感悟生活充盈。

敲响吉祥之门，舞出如意海洋，
跳起欢乐舞蹈，唱响友谊赞歌。

拿得起是生存，放得下是生活，
拿得起是必须，放得下是必要。

人生平淡勿争，人格高贵勿贱，
幸福有限勿贪，感情纯洁勿淡。

遇艰难不相推，遇危险不相退，
遇好事不相争，遇好处不相论。

群众眼亮勿忘，欲望无穷勿过，
困难客观勿怕，生活多彩勿烦。

前进不必遗憾，后退不必后悔，
若成功叫精彩，若失败叫经历。

说好眼前之话，做好眼前之事，
珍爱眼前之人，珍惜眼前之福。

宁可清贫自娱，不可恶富多忧，
宁可一贫如洗，不可贪财枉法。

再累不要倒下，再难不要放弃，
再烦不要抱怨，再苦不要牢骚。

要想不被狼吃，须练打狼之能，
要想一鸣惊人，须练冲天之技。

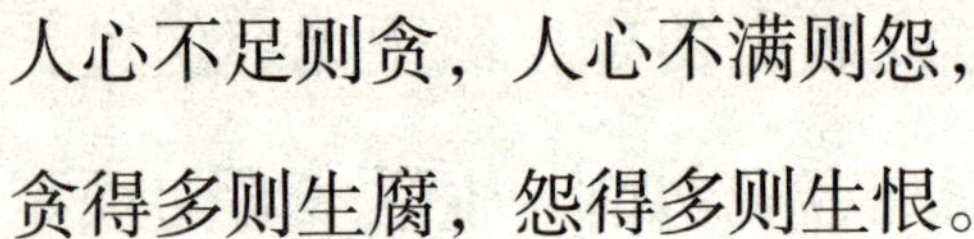

人心不足则贪，人心不满则怨，

贪得多则生腐，怨得多则生恨。

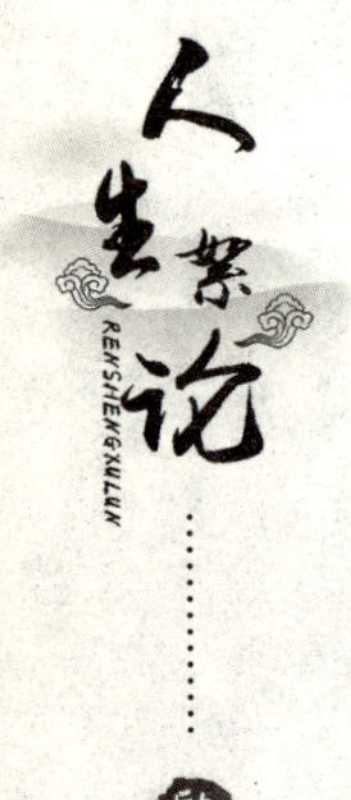

酒少喝是享受，财有道是财富，

气不生是明智，色不碰是信任。

毁人只要一句，育人却要万语，

希望掌握未来，必须掌控现在。

无人与你作对，只是角度不同，

如要追悔过去，不如把握现在。

男人要善扛事，有泪咽不轻弹，

女人要巧解事，化干戈为玉帛。

早起鸟有虫吃，早起虫被鸟吞，

择时机定赢输，择机遇决成败。

一山不比一山高，风雪之后见青松，
切勿试图寻捷径，世上本无免费餐。

外面世界更精彩，外面人生更灿烂，
人生得意想出路，失意时才有退路。

有事没事看看书，有话没话做做事，
没有今天之努力，哪有明天之辉煌。

懂平衡心烦恼少，解宽容心后路宽，
品德乃事业之本，学问乃智慧之源。

失败是成功之母，大德是成功之核，
起跑领先一小步，人生领先一大步。

无配件汽车不买，无信誉朋友不交，
经营己之长增值，经营己之短贬值。

天上星多月不明，地上坑多路不平，

只做我相信之事，只说我相信之话。

万事不可做太绝，落井下石事不做，

没有永远之对手，却有永远之朋友。

勿与顾客争价格，要与顾客论价值，

放弃者永不成功，成功者永不放弃。

无规矩不成方圆，无方圆不成规矩，

叹气最浪费时间，哭泣最浪费精力。

一般成功需朋友，巨大成功需对手，

快乐不因拥有多，幸福只因计较少。

阳光总在风雨后，雨后彩虹更绚丽，

懂我之人勿解释，不懂我心勿需辩。

遇事不急下结论，不同角度案不同，
学会换位深思考，万事皆通万事顺。

健康不好是废品，成绩不好是次品，
心态不好危险品，品行不好是无品。

人生无绝境之事，人生无绝境之地，
苦境锻造刚毅性，绝地方显英雄色。

不要生气要争气，不要看破要突破，
不要嫉妒要欣赏，不要心动要行动。

曾经拥有勿忘记，已经得到要珍惜，
属于自己勿放弃，属于将来要努力。

当今快鱼吃慢鱼，先来吃肉后喝汤，
生活中赢家通吃，世以成败论英雄。

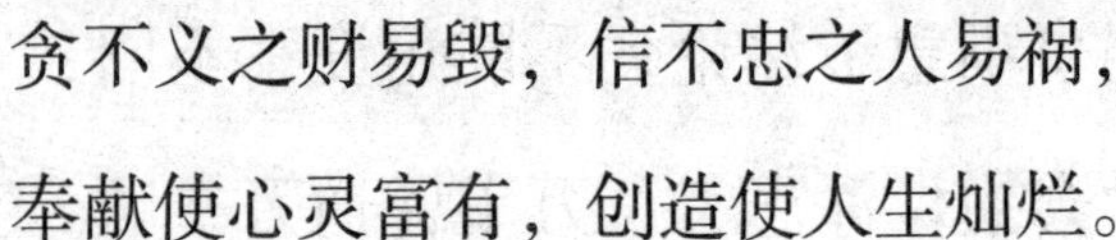

贪不义之财易毁，信不忠之人易祸，
奉献使心灵富有，创造使人生灿烂。

有竞争才有发展，有发展才有进步，
有进步才有创新，有创新才有辉煌。

公司最后之竞争，不是产品之竞争，
不是人才之竞争，是老板德慧竞争。

远见比资产重要，能力比知识重要，
健康比金钱重要，生命比智慧重要。

恼怒之时不失态，坏事之时要冷静，
前进之时有激情，摔倒之时站起来。

路再长也有终点，夜再长也有尽头，
雨下再大有晴日，风刮再大有停时。

切记勿恃才傲物，马行千里必一失，
百缝千密有一疏，谨慎驶得万年船。

淡定是波澜不惊，平静是心平如镜，
豪迈是壮志凌云，豪爽是一身正气。

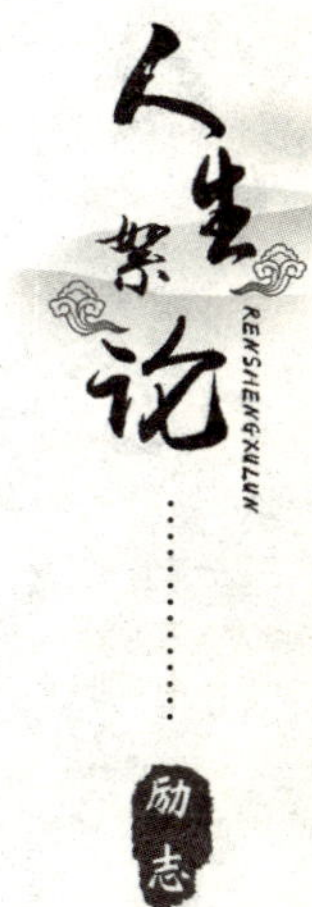

人生浮沉是历练，岁月沧桑是积累，
生活有酸甜苦辣，人生有悲欢离合。

切莫找失败借口，而要寻成功方法，
若想玫瑰开满园，还需潜心做园丁。

最大破产是绝望，最大资产是希望，
行动是成功之梯，毅力是成功之基。

生活中没有重播，人生无重来之时，
人生里没有如果，命运无重来之日。

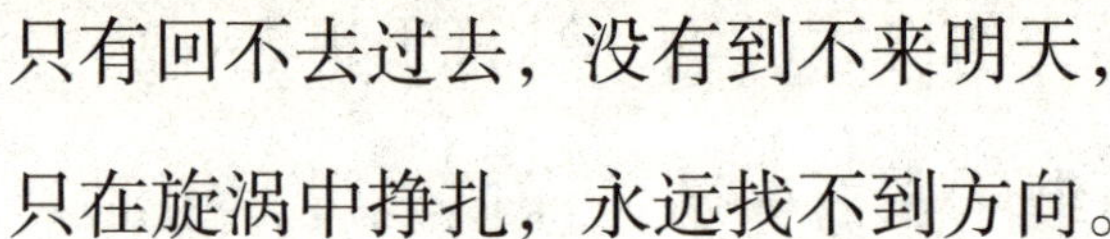

只有回不去过去，没有到不来明天，
只在旋涡中挣扎，永远找不到方向。

不是世界选择你，而是你选择世界，
若不能改变世界，只能改变你自己。

与阳光之人为伍，心中明亮无阴霾，
与快乐之人为伴，心情舒畅无忧伤。

成功不是赢起点，而是赢在转折点，
会花花掉才是钱，没花没用就是纸。

最大之破是绝望，最大之财是健康，
最大之债是欠情，最大之礼是宽容。

不随便显露情绪，不逢人诉说遭遇，
不见人唠叨不满，不遇人发表己见。

用知识武装自己，用音乐熏陶自己，
用修养打扮自己，用道德约束自己。

善于辞令做外交，通晓文学做教授，
熟知礼乐做公务，精通兵器做公安。

只要不失去方向，就不会迷失自己，
只要不站错跑道，就不会错过终点。

要积极不要堕落，要阳光不要颓废，
堕落是内心放纵，颓废是内心阴暗。

自己伤痛自己受，自己哀怨自己清，
自己快乐自己感，自己幸福自己享。

勇敢人选择改变，懒惰人选择放弃，
懦弱人选择回避，聪明人选择放手。

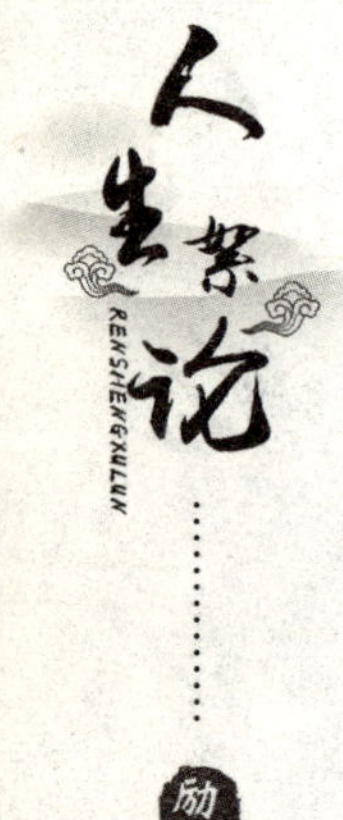

让积极打败消极，让高尚取代低级，
让真诚攻克虚伪，让宽容占领狭隘。

用快乐赶走忧愁，用勤奋打败懒惰，
用坚强藐视软弱，用强者战胜懦夫。

牛羊丢失可找回，时间失去不复返，
昨天是今天回忆，明天是今天梦想。

公正是立世之基，磊落是立身之本，
谦恭是做人之根，品行是立德之石。

勇于放弃是大气，勇于坚持是勇气，
敢于战胜是气魄，敢于挑战是豪迈。

勿冲动时做决定，勿悲伤时许承诺，
不先控己岂控人，不先正己岂戒人。

品牌是公司之命根，质量是公司之生命，
市场是公司之灵魂，人才是公司之根本。

弓不拉满势不使尽，盛时欲作衰时之想，
一分耕耘一分收获，一分努力一分硕果。

无危机是最大之危，逸现状是最大之阱，
无竞争是最大之惰，无创新是最大之险。

企业靠输血活不长，造血方能建百年业，
细节不细战略是空，细节不周战略是虚。

听不到奉承是幸运，听不到批评是危险，
借人之智成就己智，赏人之德成就己德。

心多远就能走多远，心多高就能飞多高，
学得辛苦做得舒服，学得舒服做得辛苦。

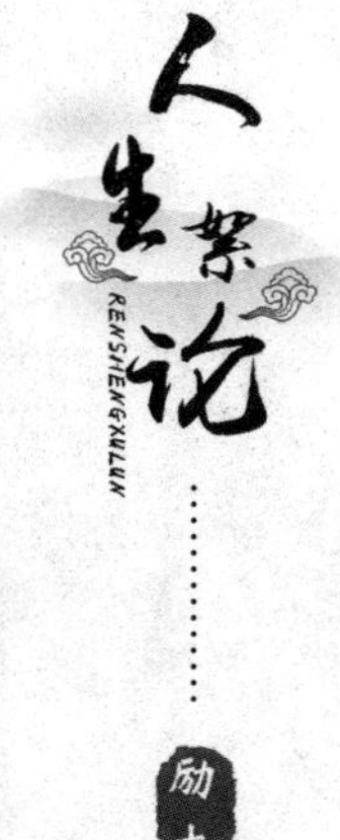

人生如梦梦如人生，人生如戏戏如人生，
人才不一定有口才，有口才一定是人才。

鼠目寸光难成大事，目光远大可成大器，
走多远看与谁同行，飞多高看与谁为伍。

多优秀看有谁指点，多成功看有谁相伴，
高谈者未必有高见，沉默者未必无卓识。

有人比你富一千倍，不比你聪明一千倍，
目标比你高一千倍，做事比你精一千倍。

人之价值取于位置，位置不同价值不同，
想做大事之人太多，想做小事之人太少。

对人宽容对己宽容，水不在深有容乃大，
平台不同定位不同，定位不同取向不同。

心装理解多矛盾少，心装宽容多计较少，

成功是优点之发挥，失败是缺点之累积。

理想是成功之基础，行动是成功之开始，

追求是成功之途中，圆满是成功之实现。

无法延伸生命长度，但可决定生命宽度，

抱怨无法改变现实，拼搏才能带来希望。

人生挫折需要面对，生活迷雾需要穿越，

岁月伤痛需要领悟，命运逆顺需要看开。

总是感叹光阴似箭，不如脚踏实地真干，

总是感怀人情冷暖，不如心怀感恩之心。

撕掉一张日历简单，把握一天却非易事，

用心过好分分秒秒，尽情享受时时刻刻。

放弃应该放弃是明智，不放弃该放弃是愚蠢，

放弃不该放弃是无能，不放弃不该放弃是梦。

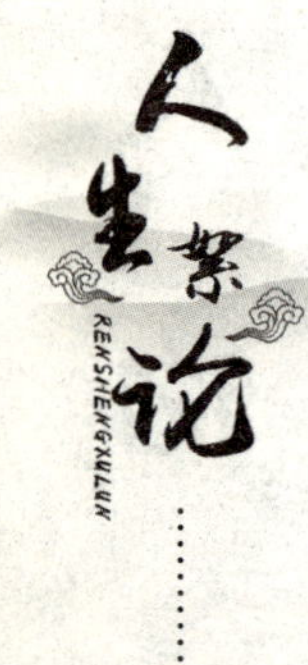

良好之公司满足需求，优良之公司引导需求，

优秀之公司制造需求，伟大之公司创新需求。

杂草多之地方庄稼少，空话多之地方智慧少，

智者修于内而成于外，愚者注于外而败于内。

建百年公司先建文化，建公司文化先建理念，

建公司理念先建制度，建公司制度先抓落实。

忌语言巨人行动矮子，行动胜过百遍心里想，

只说不做徒劳又无益，大事巧用资源善借力。

树立理想不自命不凡，勇于创新不标新立异，

追求卓越不居功自傲，卓有见解不固执己见。

人生选对目标海阔天空，

人生选错方向四面碰壁。

人不能把金钱带入坟墓，

金钱可以把人引入坟墓。

与盗贼为伍会变成盗贼，

与绵羊为群会变成绵羊。

无目标航行处处是逆风，

无目标旅行处处无风景。

公司做到极致创造需求，

需求做到极致便是辉煌。

你用五分之力与人较劲，

他人用十分力跟你较量。

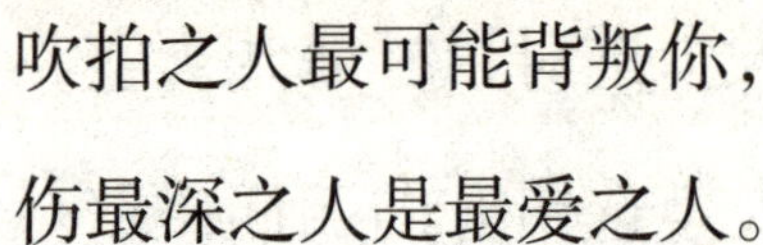

吹拍之人最可能背叛你，
伤最深之人是最爱之人。

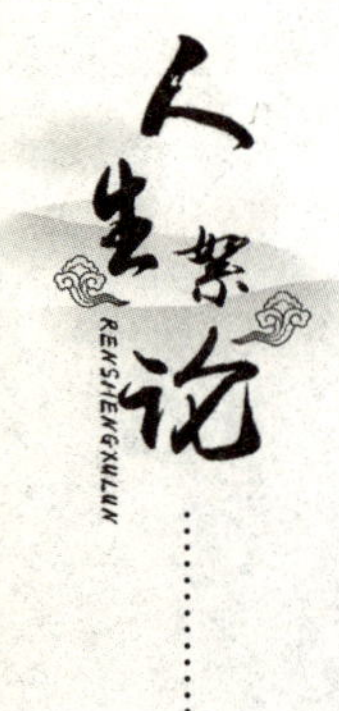

众星明明不如孤月独明，
百鸟声声不如虎啸一声。

调制水平决定菜肴之味，
心情状态左右生命质量。

你有权要求生活更美好，
但不应用欺骗换取快乐。

把故事变成事故叫失败，
把事故变成故事叫成功。

平庸人没故事也没事故，
成熟人有故事也有事故。

背后夸你之人珍藏于心，
当面夸你之人一笑而过。

无论人在火车怎么折腾，
决定到站是车次和轨道。

不是井无水而是没挖到，
不是成功慢而是心太急。

勿信成功时吹捧你之人，
勿抛弃曾一起奋斗之人。

生意生意走出去总有意，
出路出路走出去总有路。

与老板对着干是不想干，
与医生对着干是不想活。

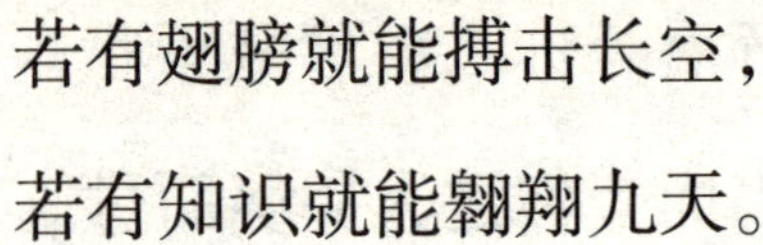

若有翅膀就能搏击长空，

若有知识就能翱翔九天。

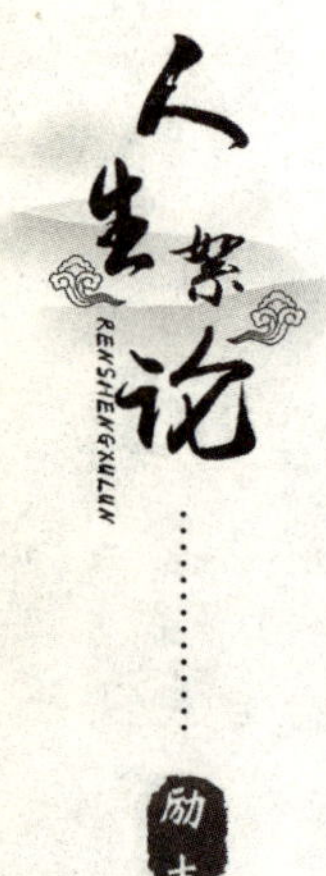

成功者从来不怨声载道，

失败者向来是怨天尤人。

不经无奈怎能懂得珍惜，

不经失败怎能理解成功。

成功之时勿要忘记失败，

失败之时切记勿忘未来。

不因阳光明媚心绪飞扬，

不为风雨交加心情黯淡。

失意不堕其志方显英才，

逆境不叛其向方显俊才。

逆境中心务怀悦心之喜，
顺境时心务抱失意之悲。

离群索居孤独也需勇气，
攀涯登岩追求也需胆量。

当下跑单帮难成大气候，
如今抱成团创出新天地。

静观别人跑不如自己跑，
旁看他人笑不如自己笑。

思考中品味甘苦之生活，
奋斗中砥砺坚强之意志。

穿越生命迷雾学会坚强，
经历人生挫折历练意志。

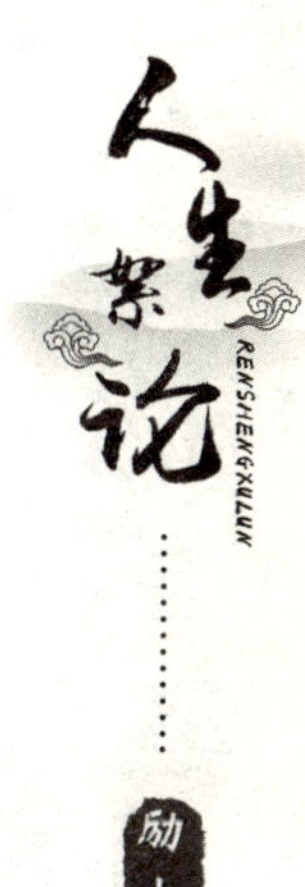

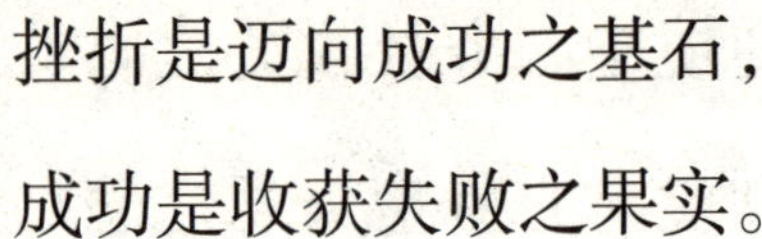

挫折是迈向成功之基石，

成功是收获失败之果实。

精诚所至功到金石便开，

精益求精时到硕果自来。

种子播得越好发芽越快，

工作筹划越细效果越好。

相异心情产生不同结果，

相异态度出现不同结局。

白玉之污可磨掉善雕琢，

言论之误无法抹铭谨言。

将烦心事丢在前行路上，

无法诉说之事留在身后。

走过崎岖路前方是大道，
攀上险峻峰前方是朝阳。

事可在绝境中触底反弹，
人可在绝望中绝处逢生。

女友再多不是骄傲之本，
学问越大才是羡慕之实。

从来不为昨日之事烦恼，
永远不为明日之事担忧。

大小快乐要与朋友分享，
大小痛苦必须独自承担。

人之威望不会一天而立，
人之声望须用毕生养护。

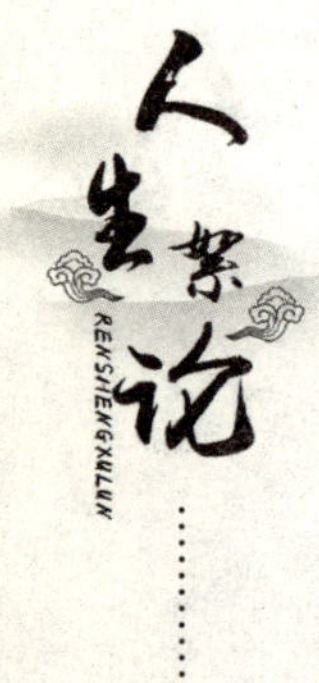

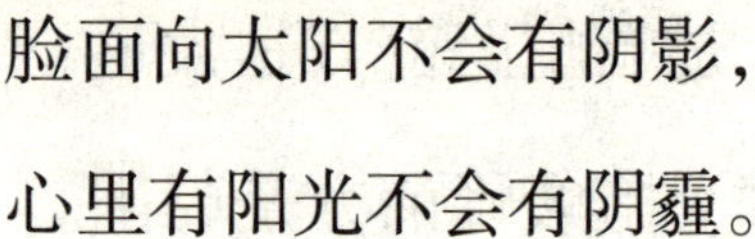
脸面向太阳不会有阴影，
心里有阳光不会有阴霾。

心若一潭清泉岂容浊水，
心若一片光明岂纳黑暗。

最好之节约是珍惜时间，
最大之浪费是虚度年华。

最可怕不是眼前之荒漠，
而是心中没有一片绿洲。

放下架子路会越走越宽，
放下包袱路会越走越远。

对失败一笑而过是自信，
对误解一笑而过是宽容。

面对赞扬一笑而过是清醒，
面对烦恼一笑而过是释然。

不在意尖刻批评学会超脱，
不急求报答帮人多做善事。

用人之长天下无不用之人，
用人之短天下无可用之人。

太阳不因你明天不再升起，
月亮不因你今晚不再降落。

鉴爱心看是否喜欢小动物，
鉴修养看是否为老人让座。

鉴素质看是否爱贪小便宜，
鉴说谎者看说话时之眼神。

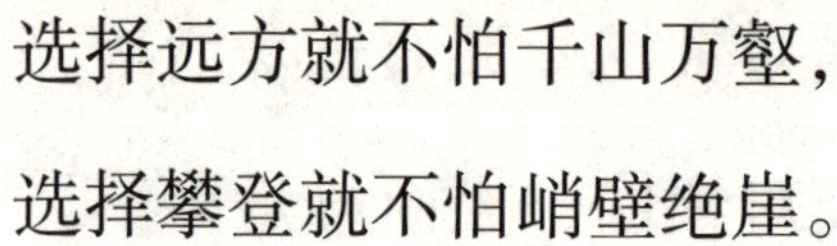

选择远方就不怕千山万壑，
选择攀登就不怕峭壁绝崖。

两鸡蛋可变成一座养鸡场，
两粒种可变成一座储粮库。

长江不择细流才万古长流，
黄河容纳千支才奔腾万里。

勿以小而不为滴水可成河，
勿以小而不视粒米可成箩。

过去事可不忘记但要放下，
今日事可要记清还要做好。

翠筱傲严霜方显高雅德性，
荷花媚秋水方显清修本性。

青春是实现理想起航之帆，
理想是指引人生奋斗之灯。

烈马难驾驭回头疾驱千里，
浪子难调教回首千金不换。

风吹草地草更壮方知草韧，
雪打青松松更绿方知松坚。

水在不同温度有不同响声，
人在不同环境有不同价值。

取悦他人远不如修行自我，
讨好别人远不及修炼自身。

站在巨人之肩会看得更高，
立在伟人之肩会飞得更远。

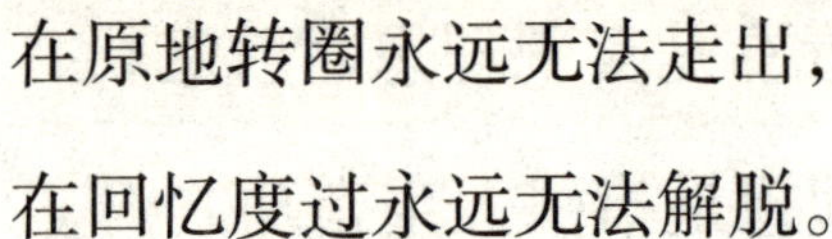

在原地转圈永远无法走出，

在回忆度过永远无法解脱。

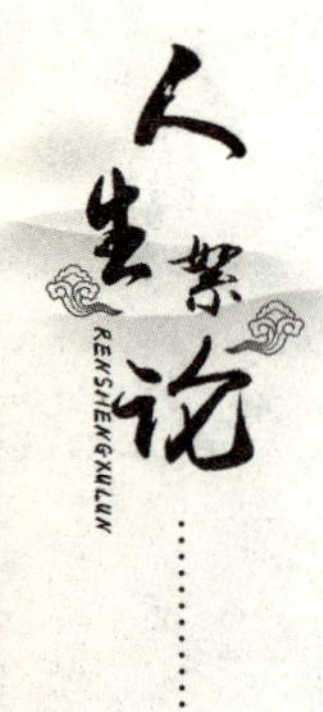

立鸿鹄志扬起追梦之风帆，

树英雄心飞越追梦之彼岸。

社会有等级勿抱怨因无用，

知识有高低肯攀登必有用。

稻穗结得越满穗越向下垂，

成功获得越大名越往上扬。

再美之美梦也有梦醒时分，

再爱之爱人也有走远之日。

只当观众永远得不到金牌，

不进深山怎证明是好猎手。

阴云蔽日心静犹如阳光普照，
电闪雷鸣心平恰如寂静无声。

花沐春光风雨过后催归尘土，
竹坚雅操迎风傲雪毅然清高。

勿在已发生之事有过多悔恨，
勿在已走过之路有过多忧伤。

你想有多大成就看有谁指点，
你想有多高学问看有谁指导。

懒惰在无声无息中拿走勤奋，
颓废在不知不觉中偷走追求。

最快之脚步不是飞越是不停，
最慢之步伐不是缓慢是徘徊。

精金美玉之品必经烈火之煅，
掀天揭地之功必履薄冰之过。

该做之事不敢做是胆怯之举，
该说之话不敢说是软弱之为。

不愁无职位应愁无任职之才，
不愁无水平应愁无担职之识。

日子可能平淡但追求不能断，
人生可能平凡但事业不能庸。

春雨催生万物却消失在泥土，
飞雪装饰青松却融化在山崖。

有理想才能翻山越岭去远行，
有追求才能劈风斩浪去远航。

谁在人生路上多看几道风景，
谁在人生坎坷途中多行几步。

世上万物皆有缘由务遵正道，
人间万事皆有始终务循正路。

不希求荣禄勿担心荣禄为饵，
不角逐功名勿担心功名为钩。

生命是无法回放之绝版电影，
人生是有来无回之单程车票。

耐心按年度发薪是职业经理，
耐心等待三到五年做投资家。

凡事先订计划使计划数量化，
凡事先立目标使目标视觉化。

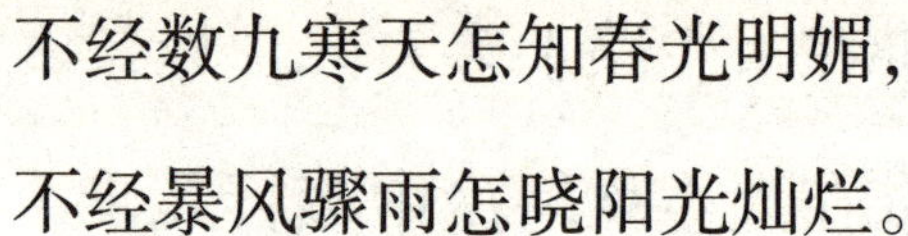
不经数九寒天怎知春光明媚，
不经暴风骤雨怎晓阳光灿烂。

平常生活也有春天般之温暖，
平淡爱情也有夏天般之热情。

忙中能悟出竞争之其乐无穷，
闲时能悟出清幽之闲情逸致。

杨柳看似柔弱狂风却吹不断，
高杆看似粗壮却被狂风斩腰。

处逆境时居危思安自立自强，
处顺境时居安思危自重自省。

人高低贵贱都是现实之写生，
人善恶美丑都是遗留之足迹。

不是所有梦想都能够成为现实，

但是美丽梦想可装点多彩人生。

苦难是一笔财富可锤炼人意志，

困难是一笔积累可锻炼人毅力。

困境中潜力会被最大限度挖掘，

挫折中痛苦可使人变得更坚强。

树木经暴风骤雨才能傲立挺拔，

船只经劈风斩浪才能到达彼岸。

分析造成困难原因寻成功之路，

发掘自身优势所在找成功之道。

今天逃避困难明天困难还找你，

当日战胜困难明天困难就怕你。

过往之事可不忘记但务必放下，

现行之事不可忘记但务必拿起。

冶炼大师岂惧顽铜锈铁不可熔，

河流大江何患横流污渎不可纳。

成功时务必自修以防骄傲自负，

失败时务必自炼以树鸿鹄之志。

无辉煌之未来但勿留悔恨往昔，

无崇高之追求但勿留遗憾人生。

从别人看自己能真正认识自我，

从里面看外面能真正看清本质。

不紧逼自己无法知道优秀几何，

不痛下决心无法知道能量几多。

只要心里热乎身体就不会感觉冷，
只要心里年轻人生就不会感觉老。

春暖花开打开心灵之窗走过阴霾，
阳光明媚敞开心胸之门度过阴暗。

只有启程才会有可能到达目的地，
无法预知未来勿把事业等成永远。

花草如此卑微生命绽放五颜六色，
人间如此美好生命更应丰富多彩。

成数学家别忘老师教你壹贰叁肆，
成文学家别忘老师教你大小多少。

人生需要拼搏才可绽放美丽之花，
命运需要把握才能结出丰硕之果。

勿让失败捆住手脚否则难于攀登，

勿让成功挡住视线否则难于前行。

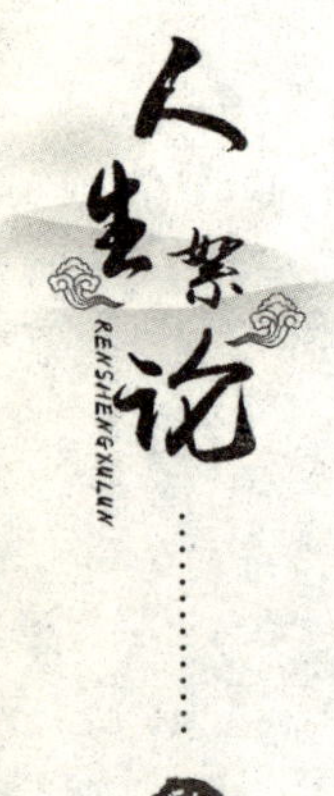

派系不是永远实力才能依靠一世，

怜悯不是爱情互爱才能相依一生。

时光可抹春天之容却抹不去气质，

命运可改人生之路却改不去追求。

当工作不如意时想没有工作之人，

当吃难咽之药时想没药可治之士。

给我一粒种子来年还你一斗粮食，

摘取一枚红叶来年还你一片枫林。

集大众创业之力拓实业兴邦之路，

聚万众创新之智圆中华腾飞之梦。

情缘

缘来缘去，缘聚缘散，
缘至惜缘，缘去随缘。

心若不动，风又奈何，
情若不深，爱又奈何。

笑要众知，哭要己晓，
笑要于脸，哭要于心。

遇事解事，遇坎迈坎，
遇山过山，遇水涉水。

山青水碧，高山流水，
人生知音，红颜几何。

字不在多，有情则深，
语不在寡，有诚则实。

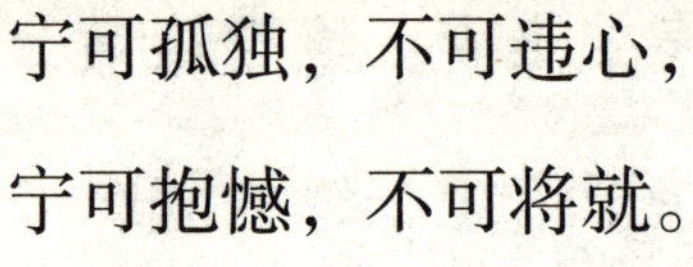

宁可孤独，不可违心，
宁可抱憾，不可将就。

有缘而来，无缘而去，
顺其自然，一切随缘。

夫妻同心，黄土变银，
夫妻同德，黑土变金。

爱求深度，不求速度，
爱追热度，不追亮度。

相遇人多，相知人少，
相识人多，相依人少。

天地悠悠，过客匆匆，
红尘过客，情缘随风。

问君情几何，问君谊几多，
万里长城固，红颜怎会老。

仰首问苍天，低头问大地，
长江黄河流，红颜永不老。

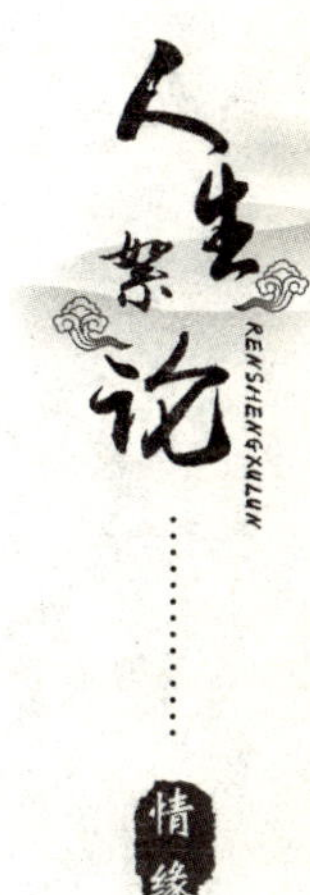

依窗凝天空，星月两厢拥，
一帘幽梦醒，谁是梦中人。

缘来缘又去，缘聚缘又散，
春来春有去，花开花有落。

朋友是雨衣，雨来陪伴你，
同事是戏服，台下要脱去。

情人是睡衣，华丽穿不出，
爱人是粗衣，挡风又遮雨。

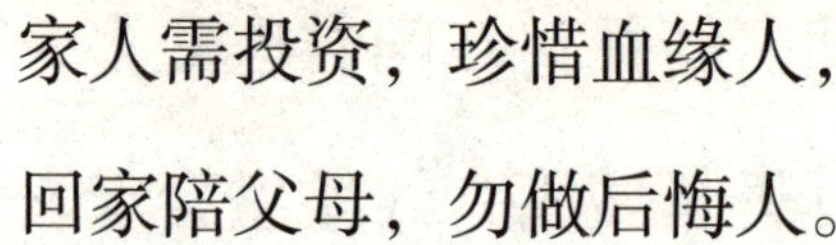

家人需投资，珍惜血缘人，
回家陪父母，勿做后悔人。

婚姻像部车，马达是动力，
整车靠维护，方向最重要。

真爱懂超脱，真情懂奉献，
幸福懂欢乐，智慧懂得失。

谁是谁之缘，谁是谁之菜，
谁是谁之客，只有缘知晓。

缺点可改正，性格可磨合，
有爱时抓紧，无爱时放开。

感情不可欺，真诚不可愚，
友情不可缺，背叛不可恕。

调不定太高，太高难和声，
情不陷太深，太深难自拔。

相遇水云间，相识青山岚，
花好又月圆，爱如雨缠绵。

缘分是本书，你读我也读，
粗读会错过，细读幸福多。

难舍是交情，难忘是友情，
难寻是真情，难还是人情。

难懂是表情，难猜是心情，
难知是动情，难晓是暗情。

好事要分享，快乐要传递，
心情要滋润，爱情要培育。

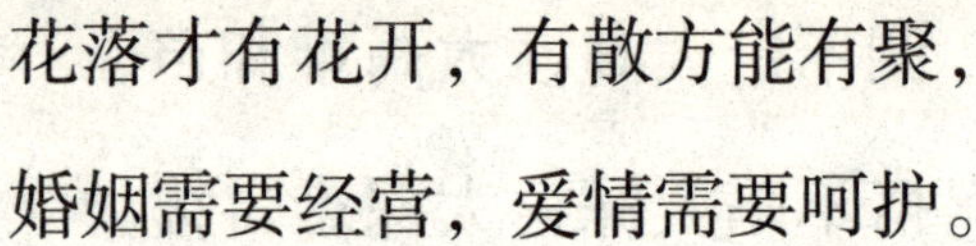

花落才有花开，有散方能有聚，
婚姻需要经营，爱情需要呵护。

相处需忍勿怒，处事需让勿究，
攀比太多心累，希望太高心痛。

不管缘浅缘深，不问今生来世，
有过便是满足，得到便是幸福。

享受爱之旅途，享受爱之荡漾，
享受爱之呼唤，享受爱之飞扬。

烦时别丢幸福，忙时别丢健康，
累时别丢快乐，惊时别丢从容。

相处时需包容，相爱时需真心，
快乐时需分享，争吵时需沟通。

孤单时需陪伴，难过时需安慰，
生气时需冷静，平淡时需激情。

铭记爱之心扉，谱写爱之心曲，
吟唱爱之心语，高歌爱之心律。

鞋合适脚知道，人合适心知道，
爱合适缘知道，缘合适天知道。

眷恋因懂而生，相伴因思而聚，
相爱因缘相遇，心语因情而言。

路不通择拐弯，心不快择清淡，
情渐远择随意，爱远去择随缘。

富有不视尊贵，学历不视素质，
形象不视内涵，年龄不视文化。

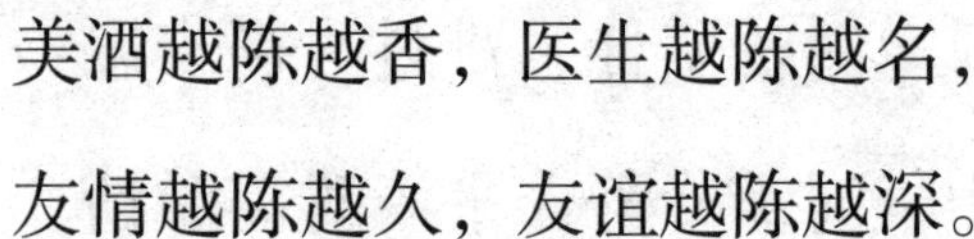
美酒越陈越香，医生越陈越名，
友情越陈越久，友谊越陈越深。

藤与树之纠缠，鸟与枝之温情，
鱼与水之相恋，花与叶之相映。

寻觅远山尽处，结缘云水之间，
人海沉浮辗转，柳絮飘然谁怜。

情无声爱无言，翘首眺望云间，
心依旧梦依然，低头思念何完。

有缘才能相聚，惜缘才能续缘，
缘随缘风随风，缘加缘缘更缘。

天上美乃月亮，地上美乃心灵，
尘世宽乃宽容，人间暖乃深情。

人生穿服千万件，再好也有过时时，
人生相识千千万，走心朋友不过时。

好感情相濡以沫，想起是痴痴傻笑，
念起是暖暖心痒，思起是甜甜走心。

夜幕朦胧如思念，月光皎净如纯洁，
星光闪烁如回忆，天空沉邃如深情。

理解是爱情之基，真诚是友谊之本，
追求是梦想之根，淡水是生命之源。

流过泪之睛更亮，滴过血之心更强，
既然选择向远方，无惧风雨兼行程。

若有苦自我释放，若有泪豪迈洒下，
风吹雨打识生活，苦尽甘来品人生。

山水有情不多情，白云飘逸不飘荡，
握一缕晚霞轻风，撑一伞漫天烟雨。

爱情能够给欢乐，但同时亦给痛苦，
财富能够给享受，但同时亦给苦恼。

雪是飘然之思念，风是绽放之花朵，
雷是呐喊之呼唤，雨是相思之泪花。

凉心只需一句话，暖心需要话连篇，
伤心只需一瞬间，爱心需要几多年。

谈恋爱像剥洋葱，总有一层你流泪，
爱情比婚姻圣洁，婚姻比爱情实惠。

忧伤时与你倾诉，快乐时与你分享，
寂寞时与你畅谈，悲伤时与你共担。

惦记是真诚想念，思念是真挚问候，
牵挂是无私挂念，祝福是美好祝愿。

炊烟升等你门口，阳光下等你山脚，
月光弯等你树下，月儿圆等你十五。

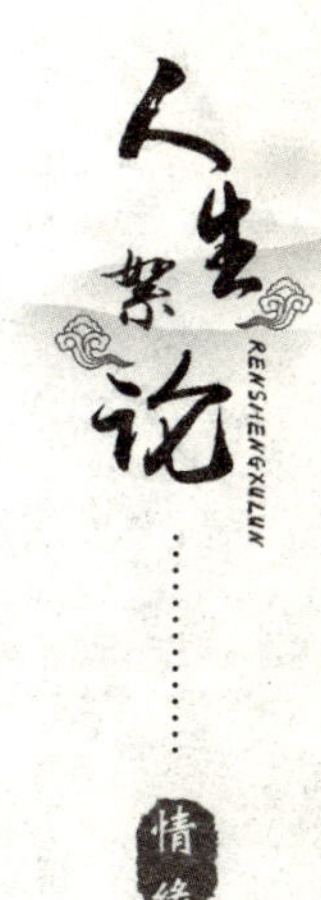

分手不可做朋友，因彼此已伤害过，
分手不可做敌人，因彼此曾深爱过。

花开花落似流年，一斗情感谁与恋，
枫叶红遍南山岚，悠悠情路谁与伴。

情潮涌心海波澜，粼粼碧波铺海天，
思念织漫天彩霞，挂牵编成海天涯。

心情留懂你之人，感情留爱你之人，
无无奈怎懂珍惜，无缘分怎知爱情。

不因寂寞而爱错人，不因爱错人而寂寞，
信任才能得到快乐，忠诚才能得到幸福。

牵挂是真挚之心动，问候是优美之语言，
知音是完美之至交，知己是内心之呼唤。

相识是姻缘之相遇，相约是情缘之愿望，
相知是心灵之默契，相聚是永恒之心愿。

大雁南去有再来时，杨柳枯黄有再绿日，
鲜花凋谢有再开时，时光逝去无再来日。

金钱是恶源都想要，美女是祸水都想沾，
烟酒是伤身都不舍，天堂是美好都不去。

开启追寻流年之门，红尘浅渡一夜无眠，
拾起被风询问之云，世间几何看透尘缘。

山盟海誓无语空对月，海枯石烂无言终成空，
尘缘暗殇谁懂离人泪，情缘散尽谁晓泪始干。

跟恋人讲理是想分手，跟老婆讲理是想分离，
跟同事讲理是想分开，跟老板讲理是想分别。

看年华似水缘聚缘散，观人海情缘悲欢离合，
红尘中太少相濡以沫，尘世间太多相忘江湖。

我不问你不说是距离，我问你不说这是隔阂，
我问你说这就是信任，你不说我不问是默契。

不曾邀约有一份心安，不表誓言却永远相守，
走千条路只一条适合，遇万般人得一人足矣。

心若相知无言也默契，情若相眷不语也相思，
内心思念对方是真情，你有情我有意是感情。

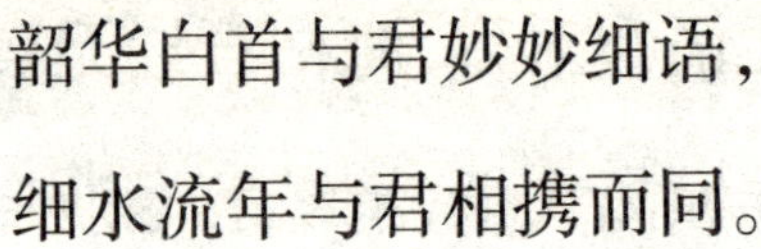

韶华白首与君妙妙细语，
细水流年与君相携而同。

爱情价值在于心灵升腾，
生命价值在于灵魂升华。

人生意义在于追求价值，
人活一世在于享受爱情。

生命光泽才会闪闪发光，
人生旅途才会风景无限。

温柔之爱如同涓涓溪流，
激荡之爱如同滔滔江水。

疯狂之爱如同火山喷发，
来得凶猛生命力却短暂。

相濡以沫却厌倦到终老，
相忘江湖却思念到永远。

繁华落尽与君一梦千年，
一生相伴与君白头偕老。

心灵深处是默默之支撑，
灵魂之间是静静之聆听。

千里陪同是心中之丰盈，
万里相伴是内心之期盼。

不遗余力追求天长地久，
却不知天有老时地有荒。

无论茶浓茶淡永驻清香，
无论离远离近记忆相连。

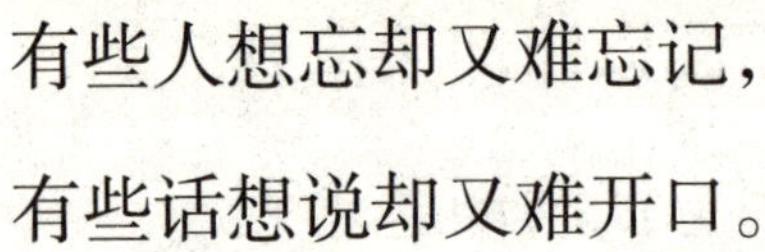

有些人想忘却又难忘记，
有些话想说却又难开口。

妻妾成群也是一夜之乐，
荣华富贵也是过眼云烟。

情缘能把沧海守成桑田，
思念能把黑夜等成白天。

思念可飞回爱情之心窝，
挂念可传递爱情之心灵。

心歌存于明媚之春高亢，
心曲放于丰硕之秋豪歌。

友人不宜苛太苛人自去，
交友不宜滥太滥杂人来。

亲戚之间越走感情越厚，
朋友之间越走情义越深。

亲人之间谈钱易伤感情，
情人之间谈感情易伤钱。

人与人之间相遇靠缘分，
人和人之间相处靠真诚。

感情再深不维护渐渐远，
熟人再熟不联系慢慢淡。

谁之故事苍白无尽等待，
谁之心情荡涤轮回流年。

走出乾坤却走不出心灵，
走出爱情却走不出思念。

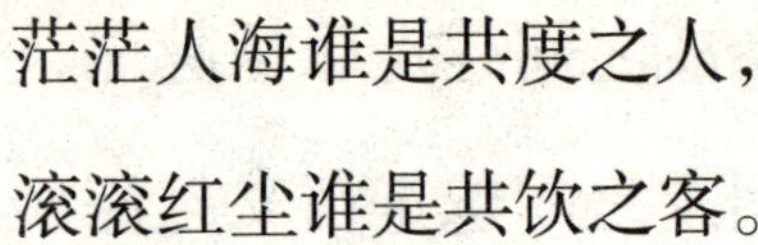

茫茫人海谁是共度之人，
滚滚红尘谁是共饮之客。

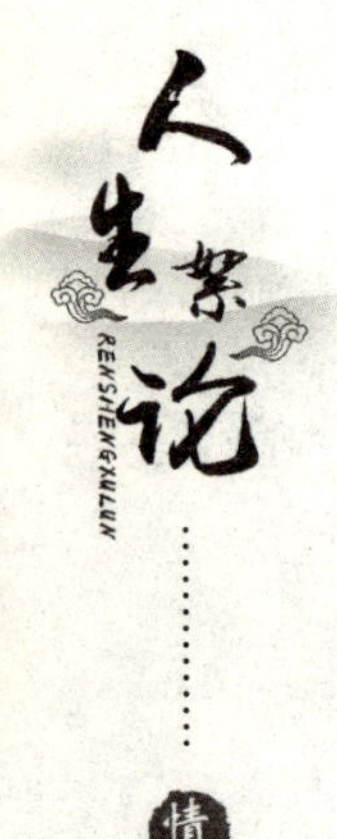

细雨如絮扬起漫天情愫，
离别如歌演绎人间绝唱。

蜜蜂为花醉花却随风飘，
情缘为谁遇谁却随人飞。

天地千秋不竭日月轮回，
人生百年沧桑悲欢相间。

忧愁时为你拂去忧伤泪，
苦闷时为你献上欢乐歌。

再黑之夜有你陪不觉黑，
再冷之冬有你伴不觉冷。

走得再远走不出我之思念，

飞得再高飞不出我之挂牵。

真诚朋友是心与心之交流，

纯真之友是灵与灵之呼唤。

容颜迟暮牵手是百修之福，

步履难迈相扶是千秋之情。

爱就爱得有声有色特豪迈，

别就走得无牵无挂特潇洒。

朋友在攀登时是一把扶梯，

友情在饥渴时是一碗开水。

你走来之时是期待之渴望，

你离去之日是梦魂之期盼。

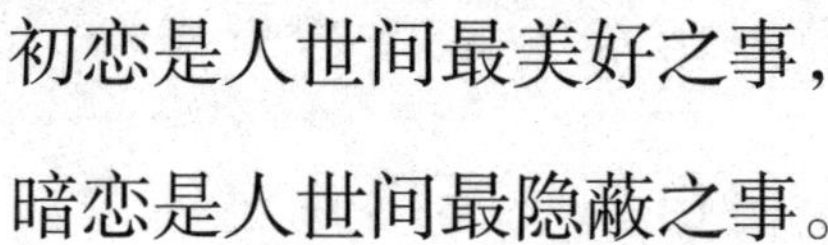

初恋是人世间最美好之事，
暗恋是人世间最隐蔽之事。

天不老情难绝心有千千结，
风残月酒浇肠化作泪泪思。

感情不在于拥有在于长久，
牵挂不在于深浅在于真心。

祝福不在于多少在于真诚，
朋友不在于远近在于永远。

爱一个人不一定必须拥有，
拥有一个人务必珍惜爱情。

年年岁岁滚滚红尘花相似，
风风雨雨似水流年人不同。

儿子要穷养长大方知饥饿寒，

女儿要富养长大才知诗书礼。

男人爱不爱你问心别问耳朵，

你爱不爱男人问泪别问笑颜。

爱情且珍惜但不要委曲求全，

情爱重感情但不要沉溺伤感。

好男人不会让心爱女人伤心，

好女人不会让心爱男人失面。

一怀情愫谁在思念中等待谁，

一世沉浮谁在红尘中负于谁。

朋友不必缠一起常联系即好，

工作不必多舒服喜欢就是好。

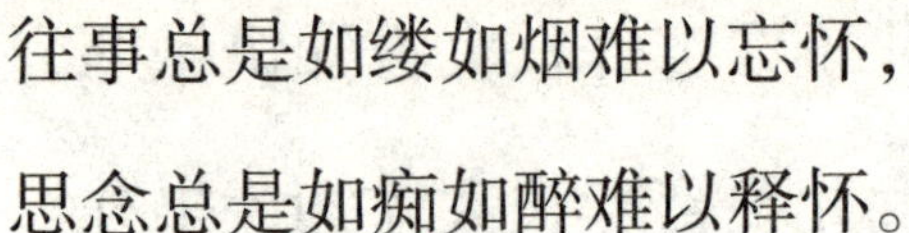

往事总是如缕如烟难以忘怀，

思念总是如痴如醉难以释怀。

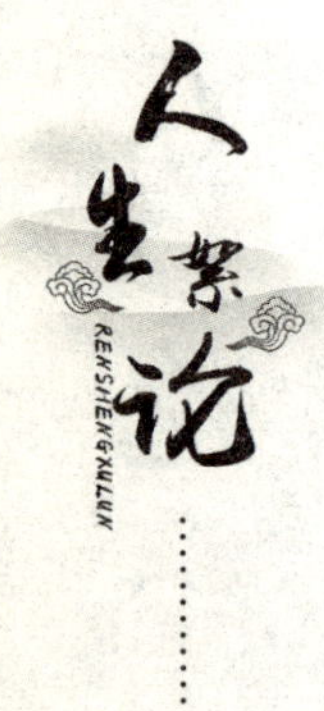

亲友间可同患难却难共享福，

主雇间可同享福却难共患难。

走得再远也走不出母亲心念，

飞得再高也飞不出母亲心牵。

若有爱请深爱如无爱请走开，

若有情请深情如无情请离开。

与爱恋之人四目相交会害羞，

与喜欢之人四目相对会微笑。

红尘中终有相知相依之知音，

流年里总有相随相伴之回忆。

爱你之人不会说很多爱你之语，

恋你之人都会做很多爱你之事。

朋友间要豪爽大度勿八面玲珑，

生意间要公平公正勿阴险狡诈。

女生觉得男生倜傥而嫁是喜色，

男生因为女生美丽而娶是审美。

一帘幽梦是否还是曾经谁之谁，

一腔情愫是否回到曾经追之追。

总想穿越时空实现缤纷之梦想，

总想留住青春叹息光阴之倒流。

主动理你不是因笨而是在乎你，

常询问你不是因闲而是挂念你。

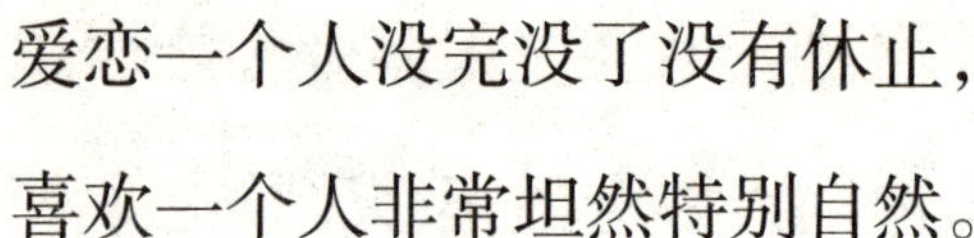
爱恋一个人没完没了没有休止，
喜欢一个人非常坦然特别自然。

有一种遇见双眼凝眸便是永恒，
有一种心动此生一次便是永远。

相思在期盼中走进挂念之心房，
牵挂在渴望中走进思念之心窝。

人已去魂依旧一壶烈酒与谁饮，
曲已消韵常在一曲壮歌与谁吟。

有些人没机会见有机会却迟疑，
有些事没机会做有机会却退却。

勿为弃你之人流泪不值得伤悲，
勿为失去之情追悔不必要沉醉。

把平平淡淡交给实实在在生活，
把平平常常交给真真实实人生。

问候不一定郑重其事但要真诚，
帮人不一定倾家荡产但要尽力。

朋友间保持距离友谊才能天长，
爱人间保持无间爱情才能地久。

获朋友之道是主动做别人之友，
获交心之理是自觉交自己之心。

与人为善与乐于奉献是双胞胎，
人人为我与我为人人是同姐妹。

如感觉伴侣对你失去热恋之时，
可能是你对伴侣失去爱恋之日。

婚前多思思多想想多等等是睿智，

婚后少睡点少说点少花点是明智。

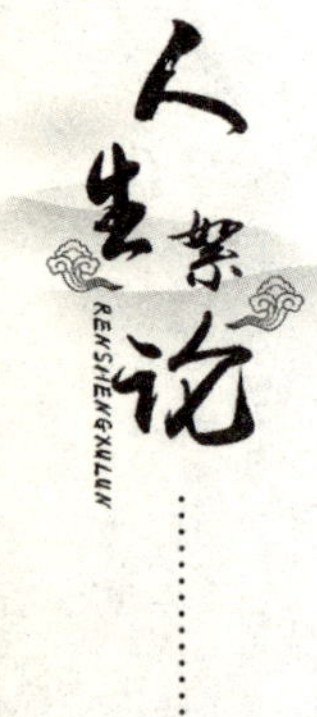

有些话藏好久当有时机却说不出，

有些爱没机会当有机会却又放手。

有时轻轻之关注是一次甜甜回忆，

有时静静之思念是一次幽幽美梦。

给母亲花十元笑容发自内心灿烂，

给情人花万元笑容未必真情流露。

回眸谁在谁之青春走过留下笑靥，

回首谁在谁之年华度过留下回忆。

出门在外能忍则忍退一步天空阔，

关门在家能让则让让一步夫妻和。

社交

心宽德厚，德厚人聚，
人聚势大，势大财广。

锐气于胸，和气于面，
才气于事，义气于人。

人贵立德，德贵立品，
品贵立行，行贵立修。

勿乱于心，勿乱于情，
勿念过往，勿畏未来。

以诚立邦，以信立鼎，
诚实为先，信誉为本。

为人处世，谦恭淡然，
哲人无忧，智者常乐。

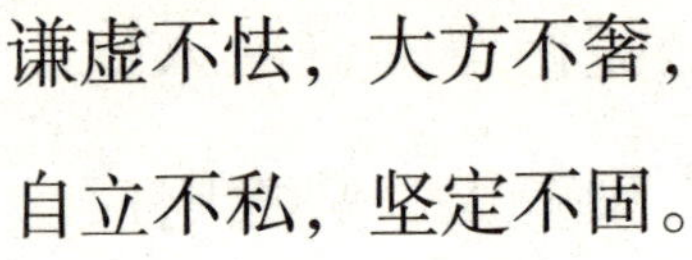

谦虚不怯，大方不奢，
自立不私，坚定不固。

小胜凭智，大胜靠德，
大德有道，德厚行天。

凡事自然，遇事泰然，
成功淡然，失败坦然。

诺事必做，承诺之责，
担诺之价，享诺之乐。

处世之道，德品为先，
欺人一时，岂能一世。

走光明路，拜敬良师，
结交益友，必得大道。

通晓人情，懂清世故，
熟知礼仪，敬业巧雕。

计较几何，痛苦几多，
宽容几何，欢乐几多。

气大伤身，气急智低，
气温福至，气和德厚。

人心太深，无由猜疑，
复制快乐，粘贴美好。

德厚心宽，心宽气和，
心如止水，透悟乾坤。

宽心容事，静心论事，
潜心观事，定心应事。

花淡而香，水淡而流，

天淡而蓝，人淡而纯。

适应环境，学会低调，

信守诺言，学会忍耐。

宽心容人，慧心观人，

容心处人，诚心用人。

专知要深，职德要磊，

业精于勤，德行于修。

心静智生，心乱烦起，

随心之事，随缘之心。

温柔不软，自信不负，

单纯不幼，自责不辱。

人生有度，过则招灾，
话不求圆，事不求全。

一诺千金，有言必行，
有行必成，有成必果。

和之为贵，忍之为高，
淡之为平，让之为尊。

人敬于德，人交于情，
人拥于礼，人诚于信。

言多必失，言轻招责，
言戏必悔，言狂招祸。

言多易失，语多易误，
多言易疏，多语易漏。

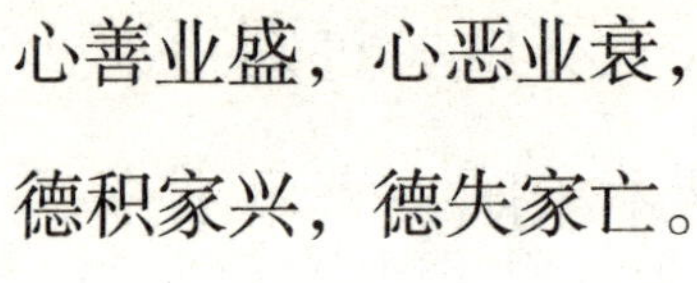

心善业盛，心恶业衰，
德积家兴，德失家亡。

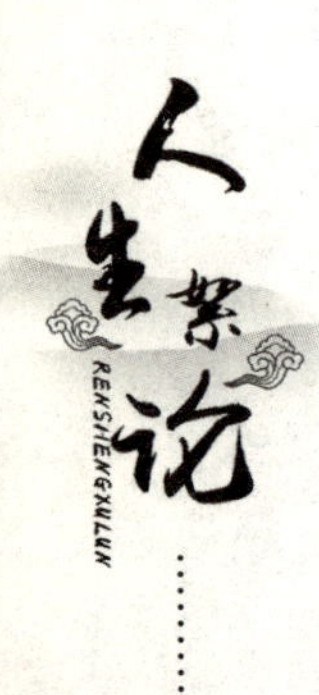

与其抱怨，不如奋发，
与其泄气，不如鼓劲。

在商言信，在职言公，
在群言理，在情言忠。

计较得少，痛苦就少，
宽容得多，幸福就多。

做事要方，说话要圆，
作风像水，做人像山。

心静则美，心纯则端，
心寡则壮，心明则亮。

人勿要太精，太精易伤心，
事勿要太细，太细易伤身。

与虎狼同行，必定是猛兽，
与高人为伍，必定是智人。

成功不巴结，失败不抛弃，
奋斗搭肩膀，开心干两杯。

随心心坦然，随意意淡然，
随遇遇安然，随缘缘怡然。

具超世之才，树坚忍之志，
怀大德之胸，立群雄之然。

当挫折来时，用微笑面对，
用头脑思考，用德慧解决。

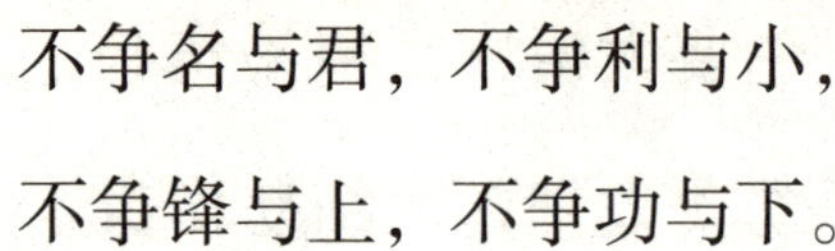

不争名与君，不争利与小，
不争锋与上，不争功与下。

心宽路则宽，心窄路则窄，
心宽小路宽，心窄大路窄。

学人会做人，懂己会做事，
以情换人心，万事皆随缘。

轻财则聚人，律己则服人，
胸宽则得人，身先则率人。

春风解冻土，煦日融寒冰，
大度消怨气，胸宽化仇恨。

不争显慈悲，不辩显智慧，
不闻显清净，不斗显明智。

品不正则歪，德不正则斜，
人不正不直，信不正不诚。

修身贵戒律，养性贵持恒，
修身先修行，做事先做人。

健康礼最佳，知足财最大，
善良品最好，诚实德最优。

眼界定宽度，观念定高度，
脚步定速度，思想定未来。

遇烦换位思，先站他人场，
再替他人思，万事昭然常。

遇良师要学，遇益友要交，
遇良机要握，遇感恩要报。

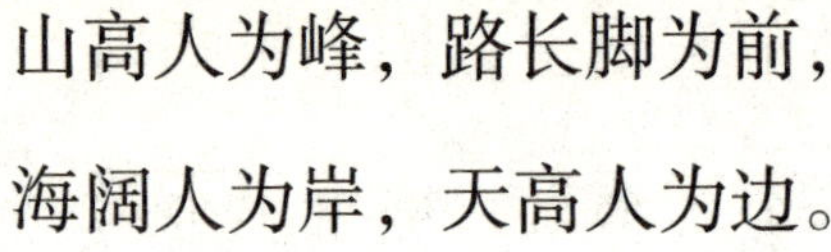

山高人为峰，路长脚为前，
海阔人为岸，天高人为边。

留口德与己，留三分与人，
留肚量与己，留宽容与人。

处事不求功，为人必求诚，
做事不求赏，做人必求德。

水深则流缓，语迟则人贵，
山高则坐稳，言寡则人高。

理不讲不清，话不说不透，
事不做不成，路不走不通。

话说五分时，酒喝六分醉，
饭吃七分饱，锻炼八分度。

看到并非看见，看见并非看清，
看清并非看懂，看懂并非看透。

虚心过成虚伪，自信过成傲慢，
原则过成僵化，开放过成放纵。

威严过成摆架，谦虚过成懦弱，
随和过成盲从，胆大过成张狂。

看人切记长处，记人切记好处，
帮人切记难处，思人切记情处。

数字本无尽头，人生回味无穷，
水至清则无鱼，人至察则无徒。

喜欢主动买单，看友情比钱重，
合作时愿让利，把伙伴比朋友。

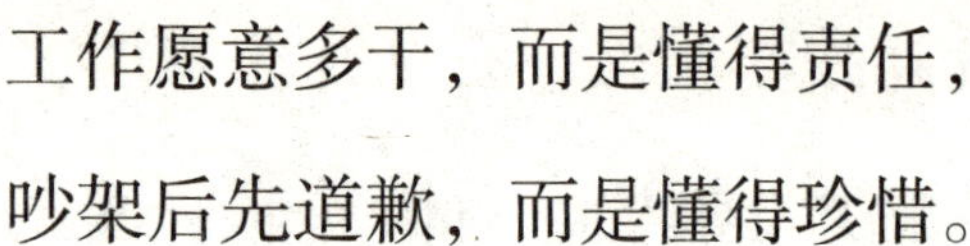

工作愿意多干，而是懂得责任，
吵架后先道歉，而是懂得珍惜。

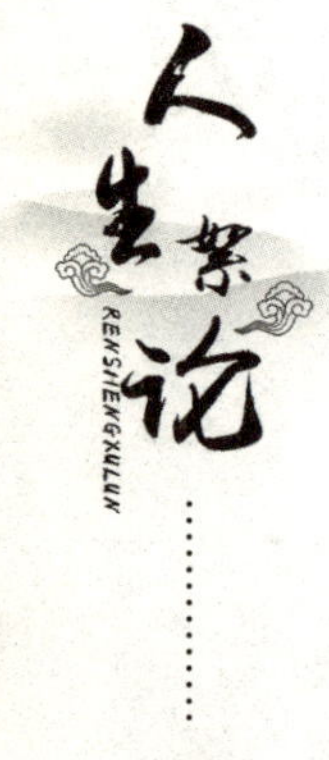

恭谦可获尊重，仁德可获拥戴，
诚信可获信用，智勤可获成功。

尊人不是懦弱，蔑人不是强悍，
话多不如话少，话少不如话好。

静坐常思己过，闲谈莫论人非，
嘴长他人之身，耳长自己之体。

舍得笑得友谊，舍得容得大气，
舍得诚得朋友，舍得虚得实在。

希望提升热忱，毅力磨平高山，
勿要等待机会，而要创造时机。

帮助过之人勿忘，患难过之人勿弃，
信任过之人勿骗，相爱过之人勿恨。

转祸为福靠智慧，转败为功靠辩力，
弱势之时忍为上，强势之时谦为高。

心静听万物之声，眼明看万物之本，
心宽观万事变迁，心明思大千世界。

日出东海落西山，乾坤万事难求全，
遇事从容保淡定，诚心一腔可对天。

扬优去劣优长优，去劣存优优永优，
存真去伪真长真，去伪存真真永真。

人可看到别人面，却难看清别人心，
看清别人识自己，诚实做人惠一生。

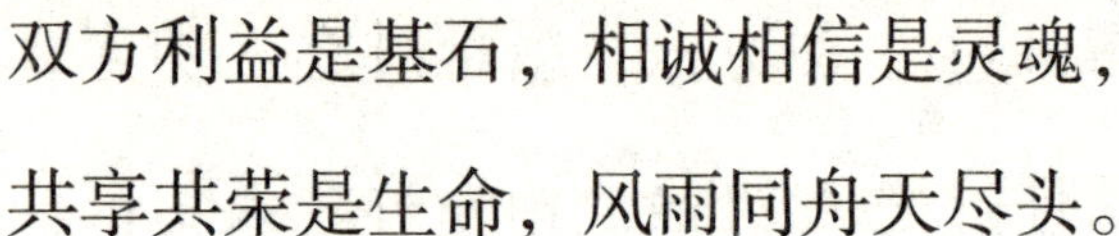

双方利益是基石，相诚相信是灵魂，
共享共荣是生命，风雨同舟天尽头。

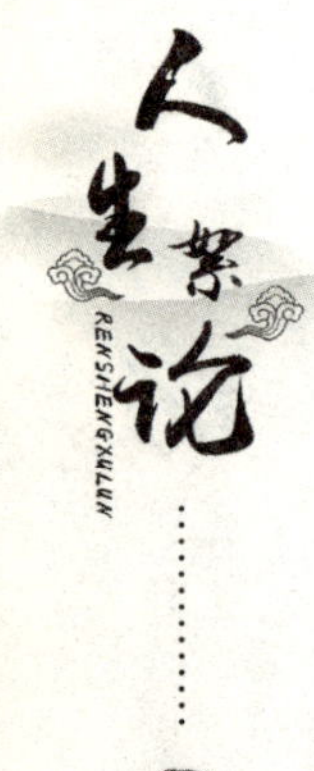

承诺之事务必做，切勿轻易许承诺，
要承许诺之责任，要担许诺之代价。

对人宽容不逼绝，能帮就帮留后路，
做好事不能少我，做坏事不能多我。

路不通选择拐弯，心不悦选择看淡，
情渐远选择随意，爱渐去选择随缘。

主角配角都能演，能屈能伸都能干，
能上能下都能行，能左能右都能上。

为官之道首于廉，为商之道首于公，
为事之道首于实，为人之道首于诚。

路途漫漫可歇歇，心事重重可缓缓，
事情繁繁可放放，朋友常常可聚聚。

看透方能超自我，识破才能保全身，
阅透人情知纸薄，踏穿世峰觉山小。

做事须尽心竭力，交友须诚实可信，
对上须忠心耿耿，对下须全心全意。

知足是处事态度，常乐是释然情怀，
拥有几多之心态，产生几何之结果。

人生岂事事顺心，人生岂处处如意，
人生何事事争先，人生何处处争前。

走出井底知天大，攀登高山知地广，
漂洋过海知海阔，踏遍乾坤知事艰。

聪明之人得失心重，智慧之人善晓得失，
耳聪方可听到心声，目明方可透视心灵。

可与言而非言失人，不可与言而言失言，
有才而性缓属大才，有智而气和为大智。

得天时不及得地利，得地利不及得人和，
得道者必万人相拥，失道者必寥人相伴。

人只要不失去方向，就能到达理想彼岸，
人只要不失去目标，就能到达理想终点。

敢听真话需要底气，敢说真话需要勇气，
敢干实事需要智慧，敢干真事需要胆魄。

没有爬不到顶之山，只有找不到路之人，
没有破解不了之题，只有找不到解法人。

轻信是误会之桥梁，疑心是误会之土壤，
诚信是误会之劲敌，真诚是误会之克星。

变来变去不是创新，换来换去不是创造，
没有方向不是进步，原地踏步不是发展。

遇事不计较是风度，遇气能忍让是气度，
遇话不介意是宽容，遇火能压下是度量。

学会平静接受现实，学会坦然面对现状，
学会冷静看待命运，学会积极看待人生。

人最难战胜是自己，成功最大碍是自身，
不经历地狱之折磨，岂有征服天堂之力。

心志要坚意趣要乐，气度要宏言语要谨，
有好想法立即行动，遇好机遇立即抓住。

重义人交朋友故不孤，自信人肯攀登故不误，
性情人淡名利故不独，知足人常快乐故不老。

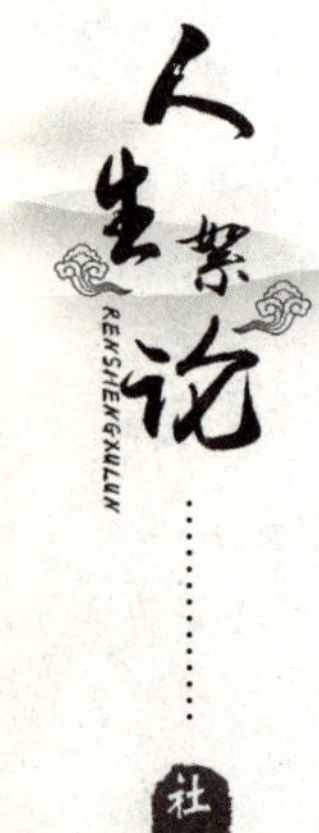

做人大方大气靠德行，做事大智大勇靠智慧，
聆高人之语顿开心窍，赏哲人之书顿解哲理。

睿智之人进退两相宜，智慧之人显藏两相适，
生活无绝只有想不通，人生无尽只有看不透。

以纯净双眼观察天地，以平静心态思索乾坤，
朋友伤感我脸泪两行，朋友忧愁我心亦悲伤。

与其说他人不理解你，不如说自己德行不够，
与其始终不满意别人，不如说自己涵养不到。

抱怨阻碍成功之步伐，拼搏带来成功之希望，
把简单变丰富是聪明，把丰富变简单是智慧。

如真诚是伤害择谎言，如谎言是伤害择无语，
如无语是伤害择微笑，如微笑是伤害择离开。

一般人先得到再感恩，成功者先感恩再得到，
一般人先得利再办事，高明人先办事再得惠。

人生诀窍是经营己长，人生奥秘是修行己德，
沏之是茶品尝之生活，斟之是酒品尝之人生。

凡事看淡泊明白就好，遇事莫着急做到就好，
世俗艰难能互谅就好，人生苦短无遗憾就好。

不以己之长比人之短，不以己之拙比人之能，
脾气且勿要大于本事，勿让脾气毁一生仕途。

成大事须依贵人相助，成大业须依慧人开悟，
能走多远看与谁同行，能飞多高看与谁共舞。

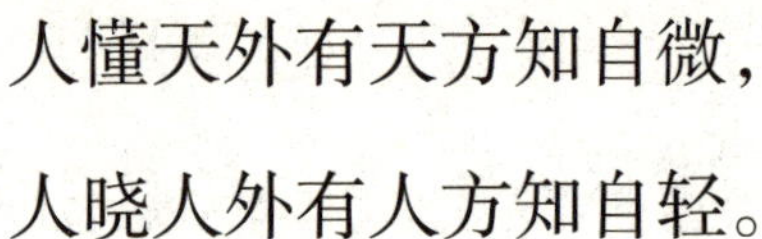

人懂天外有天方知自微，
人晓人外有人方知自轻。

待人勿矫伪客人诚自献，
做事勿欺隐如意可自来。

说话留有余地以防不全，
做事留有后路以防不周。

处事圆融才能处处有道，
立世德先方能处处有路。

耳中常闻逆言可防大过，
心中常思己过可防大灾。

临恩宠与利禄勿居人前，
逢德行与大业勿居人后。

对他人施与恩泽不可念，
得他人给予恩惠不可忘。

风来竹做响风过竹无声，
雁飞清水潭雁去水无影。

小不揭他人隐秘之私事，
大不苛他人偶犯之过错。

话前先思以避失言之疏，
事前先想以免失误之漏。

人无诚则无信故难立世，
人无学则无明故难立业。

做人务必知理知趣知足，
做事务必干净干脆干练。

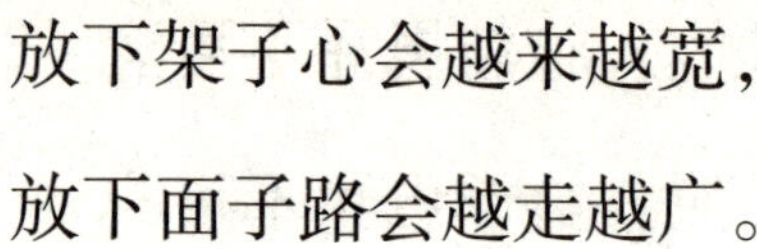

放下架子心会越来越宽，
放下面子路会越走越广。

静心修德以正人生之品，
潜心修行以正人生之路。

一句贴心话可消释紧张，
一句知心话可愈合情感。

有理走遍天下以德服人，
有德五湖四海魅力召人。

人生之价值不在其出身，
在于怎样谱写人生履历。

与智者同行方走万里路，
与高人为伍能攀万重山。

想知他人缺啥看炫耀啥，
想知他人想啥看掩饰啥。

勿忘在困难时拉你之人，
勿交在败时藐视你之人。

一只没有航行目标之船，
任何方向之风都是逆风。

不播良种怎结丰硕之果，
不下苦功岂获丰收之实。

千事知乐人斗室亦乾坤，
万事知足者凡界亦仙境。

沟通中留下相互之真诚，
交流中启迪彼此之智慧。

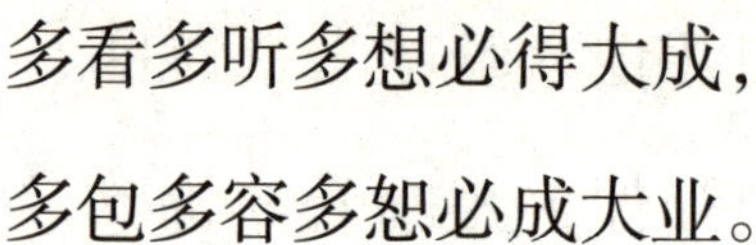

多看多听多想必得大成，
多包多容多恕必成大业。

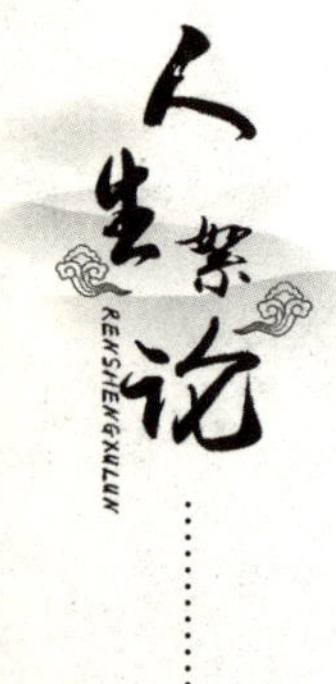

要用耐心把冷板凳坐热，
要用真诚把冷面孔感动。

尽人事命里有时终该有，
听天命命里无时莫强求。

最关键之时多熬一秒钟，
最困难之时多挺一秒钟。

人不能太方也不能太圆，
太方会伤人太圆会走人。

人生不在年龄贵在涵养，
朋友不在几何贵在知己。

不与他人较真因不值得，

不与自己较真因伤不起。

不与往事较真因没价值，

不与现实较真因要前行。

遇路窄退一步自宽一尺，

逢小路让一寸自宽一丈。

不可乘喜对人轻易许诺，

不可乘悲对人草下决心。

该说话之时必说是水平，

该沉默之时必默是聪明。

多看多听多想必得大成，

多容多恕多德必成大业。

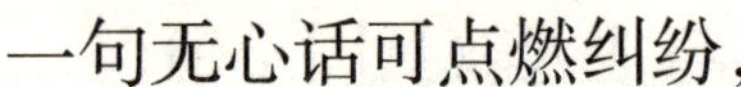

一句无心话可点燃纠纷，

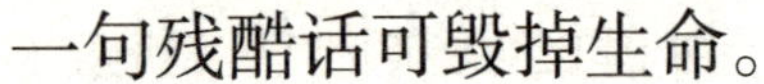

一句残酷话可毁掉生命。

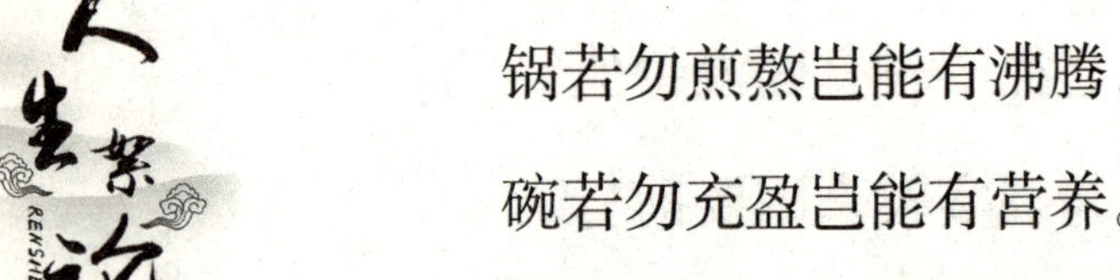

锅若勿煎熬岂能有沸腾，

碗若勿充盈岂能有营养。

要用成功诠释人生价值，

勿用失败解释人生意义。

善言可给人自信和力量，

善语可给人希望和成功。

宽容是人生豁达之态度，

淡泊是人生淡定之心态。

宽容小过使人感恩不已，

待人为宽使人竭诚相待。

说话要坚持原则又善圆润，
做事要勇于承担又善圆敦。

君子遇有难事争做在人前，
仁士遇有利益抢做在人后。

低调做人一次比一次稳健，
高调做事一次比一次优秀。

海浪因礁石之阻澎湃激越，
命运因逆境之挡淬炼意志。

开启窗可看更完整之天空，
打开门可步更宽广之世界。

酒桌真醉之人通说我独醒，
饭局不醉之客常说我尽醉。

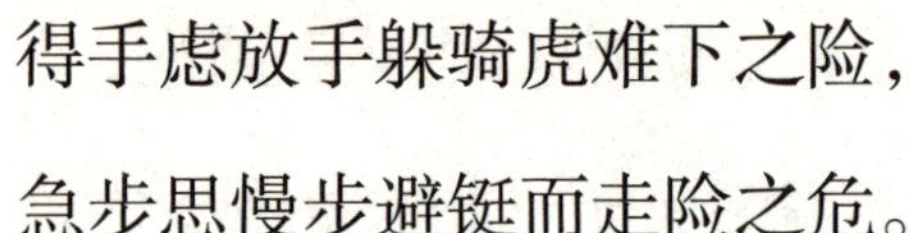

得手虑放手躲骑虎难下之险，

急步思慢步避铤而走险之危。

忘恩负义急功近利得益一时，

过河拆桥暗中伤人后路自断。

不攀林立险峰怎见无限风光，

不涉滔天巨浪怎见海天一片。

妄自尊大专横跋扈结果必败，

谦虚谨慎戒骄戒躁结局必赢。

人生中有些话适合藏于心里，

人世间有些事适合无声忘记。

与其泪悔昨天不如拼搏今天，

与其后悔昨天不如展望明天。

心埋藏仇恨种子会消耗生命，
心装满自私嫉妒会作茧自缚。

风可吹灭蜡烛也可吹旺篝火，
水可淹没农田也可浮舟远行。

平时如战时警惕防意外之变，
战时如平时镇定消局中之危。

真诚微笑乃人际交往之钥匙，
宽容大度乃人际交往之法宝。

心装感恩可万事如意向未来，
心装乾坤可胸怀天下看世界。

雨点落大地是追寻包容之地，
云霞飘天际是追寻逍遥之方。

立身处世恰如泰山九鼎岿然屹立，
应付世事要像流水落花怡然自在。

鲜花和掌声从不赐守株待兔之人，
胜利和成功向来赏勇往直前之士。

好酒清清淡淡越久越醇越醇越香，
好友简简单单越久越纯越纯越真。

人生之耻不在于输而在于输不起，
人生不在拿好牌而把劣牌打妙牌。

批你之人今天是敌人明天是朋友，
捧你之人今天是朋友明天是敌人。

凡事有度做人不必刻意过则为灾，
做事勿完美做人应知足过则为祸。

人
生

雷雨天知，言行德知，
鞋适脚知，知己心知。

成功看淡，功绩不彰，
成功感恩，万众相随。

心想好事，嘴说好话，
脚走好路，身行好端。

心静慧生，心乱烦起，
内心平静，外在无风。

神静心和，心和形全，
神躁心荡，心荡形损。

舍是气度，舍是智慧，
舍是境界，有舍有得。

相信自己，打造自己，
展示自己，成就自己。

学会宽容，学会大度，
学会忍让，学会理解。

缺点不隐，优点不彰，
优势不显，彰显风度。

手比天大，脚比路长，
人比山高，心比海宽。

赠人以言，重于珠玉，
伤人以言，胜似刀剑。

播种善念，收获良知，
播种道德，收获人生。

正视人生，看透想开，
拿起放下，立正行稳。

挑战越大，成长越快，
认识越高，感悟越多。

任何行业，任何市场，
先来吃肉，后来喝汤。

勤能补拙，拙能促奋，
奋能催志，志能壮胆。

带目标去，带硕果回，
带方法走，带成功回。

风吹雨打，方知生活，
苦尽甘来，品味人生。

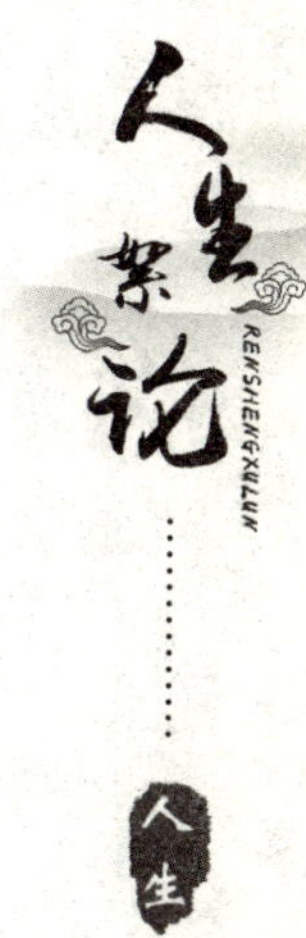

命里有时，终究会有，
命里无时，切莫强求。

繁华落尽，岁月成殇，
似水年华，睥睨天下。

心平气和，气和人顺，
人顺事成，事成名扬。

螳螂取蝉，黄雀乘后，
黄雀欲啄，弹丸在下。

找对环境，舒服一生，
找对时运，顺当一生。

人可共苦，未必同甘，
努力无悔，尽心无憾。

人有生气，业有生机，
人有朋友，事业生辉。

找火者累，点火者明，
近火者暖，玩火者焚。

物有败时，人有亡日，
善人好报，恶人孽对。

多疑生非，多虑生烦，
多猜生忧，多怨生怒。

心平气顺，体人要容，
心乱事纷，恕人要宽。

待人要诚，待友要厚，
待贤要谦，待善要恭。

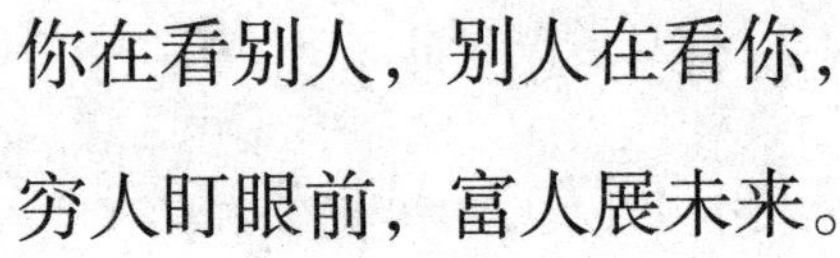

你在看别人，别人在看你，

穷人盯眼前，富人展未来。

知识学可得，成长磨而成，

心平万事顺，心歪万事歪。

气不鼓不进，气太足爆胎，

怀才像怀孕，日久人必知。

痛苦是场梦，天亮太阳出，

好景不常在，好花不常开。

天不释高大，无损立苍穹，

地不释厚度，无损载万物。

海不释深度，无损容百川，

山不释高度，无损耸云端。

智能定深度，理念定宽度，
思维定广度，速度定效率。

力度定能力，角度定方向，
德行定行为，修养定言行。

人无气会倒，人无节会歪，
有舍才有得，人生才精彩。

硝烟在心外，怒火在心内，
人无永之敌，人有永之友。

人生是江湖，江湖诱饵多，
与其怨诱饵，不如戒自律。

人能走多远，看与谁同行，
名师出高徒，名剪裁佳衣。

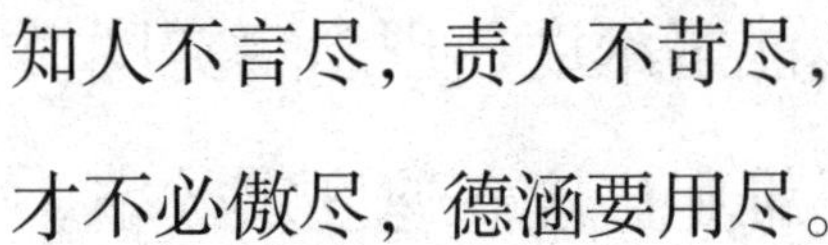
知人不言尽，责人不苛尽，
才不必傲尽，德涵要用尽。

等一等平安，让一让和气，
忍一忍和谐，请一请友好。

人潜能无限，被习惯所掩，
被时间所失，被惰性所磨。

出门走宽路，出口说好话，
出行想善德，出手干大事。

心中几何恩，就有几何福，
心中几多怨，就有几多苦。

拥有勿忘记，得到要珍惜，
失去作回忆，展望视未来。

得意时莫狂，失意时莫馁，
花无月月红，人无月月衰。

花因淡而香，水因淡而流，
人因淡而纯，德因淡而贵。

走路才知苦，登山才知难，
趟河才知涉，跨坎才知越。

遇良师要学，遇益友要交，
遇良机要握，遇感恩要报。

快乐手中握，好运随身留，
微笑脸上显，幸福永相随。

悟生命之重，悉心灵之静，
感生活之美，体爱情之力。

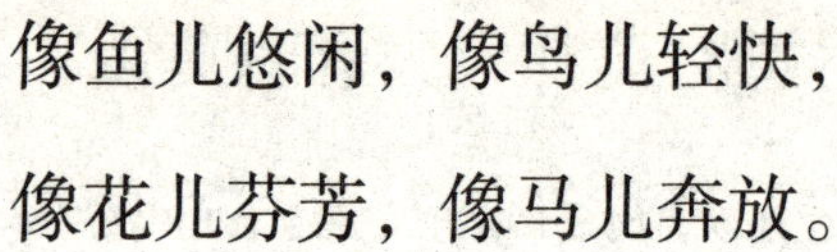

像鱼儿悠闲，像鸟儿轻快，
像花儿芬芳，像马儿奔放。

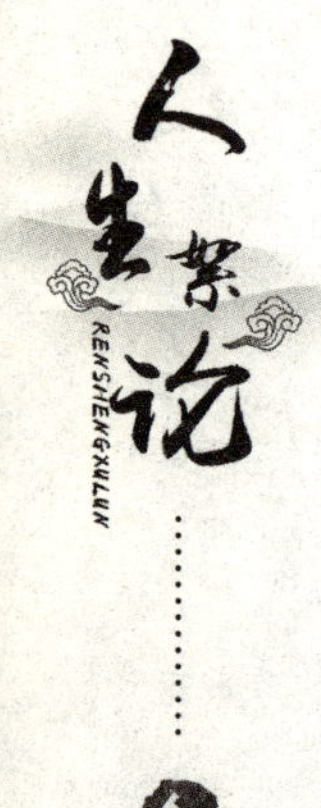

在意不刻意，珍惜不痴迷，
爱恋不迷茫，爱情永不老。

苦乐有人懂，努力有人知，
热茶暖全身，心语暖深情。

自满千事空，虚心万事成，
骄傲千事败，谦虚万事达。

童年不再有，初恋不再来，
幸福时常有，欢乐时常来。

流失是岁月，苍老是容颜，
漂泊是脚步，成熟是心灵。

自命者清高，刚愎者自用，
争强者好胜，自轻者自贱。

喜欢是心情，爱恋是感情，
微笑是心态，思念是情感。

柔一生情肠，诺一生情狂，
心与心呼唤，灵与灵呐喊。

气下易失言，怒下易生事，
怨下易生祸，恨下易生灾。

幸福铭于心，欢乐刻于脑，
甜蜜揣于怀，温馨印于容。

人生无根蒂，飘如红尘上，
风来随风转，雨来随雨下。

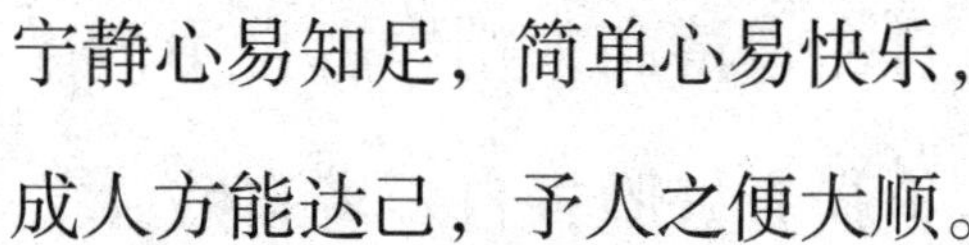

宁静心易知足，简单心易快乐，
成人方能达己，予人之便大顺。

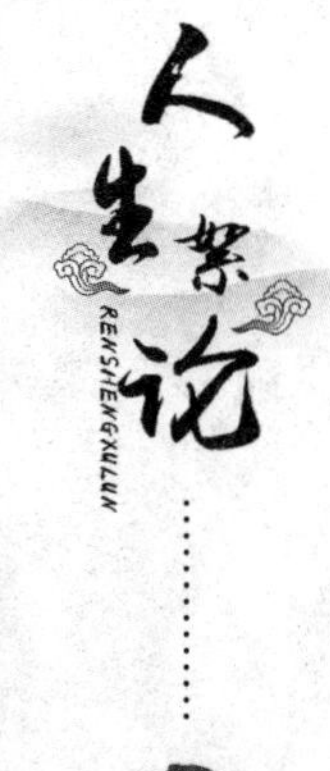

脾气大体越差，脾气温福越深，
性子急智慧低，性子稳睿智高。

踮脚尖站不久，跨大步走不远，
遇难用真求帮，遇困用诚求助。

知人重在知性，知己重在知心，
人间是万花草，人生是五味瓶。

当天掉馅饼时，地上必有陷阱，
胖是一时之事，矮是一辈之事。

做好人靠德品，做好事靠德行，
心净才能心静，心容才能心宽。

日久未必生情，日久必见人心，
没能人不成事，能人多易出事。

人生没有完美，幸福没有满分，
理得清是名人，弄得明是哲人。

宁静心易知足，简单心易幸福，
贪是万恶之源，欲是万恶之本。

结怨不如结缘，结仇不如解仇，
富贵不如富态，高寿不如高兴。

得意时友识你，落难时你识友，
心炼火火更红，火炼心心更纯。

穷人喜欢做梦，富人不断践行，
穷人嘲笑他人，富人证明自己。

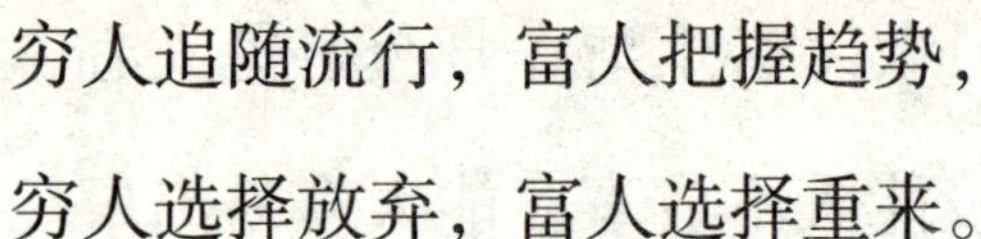

穷人追随流行，富人把握趋势，
穷人选择放弃，富人选择重来。

用眼欣赏日出，用心感悟日落，
抖落岁月尘埃，感悟日月光辉。

功高震主者危，行高举独者谤，
不论官至几品，务要恭廉俭让。

看淡世上诱惑，清醒头脑心智，
从容岁月步履，离尘嚣清淡泊。

人生苦乐对半，知其甜忘其苦，
追其型莫忘意，明其心斗其志。

没病也要体检，再忙也要锻炼，
有权也要低调，再烦也要想通。

人生明三件事，知道如何选择，
明白如何坚持，懂得如何珍惜。

与患病者相比，健康就是幸福，
与饥饿者相比，腹饱就是幸福。

人生没有彩排，每天都在直播，
时光没有倒流，每天都有日落。

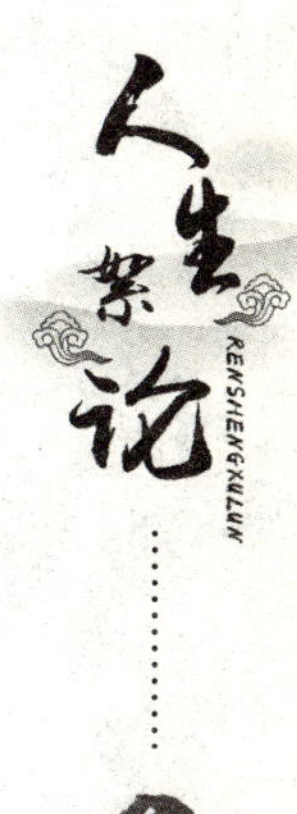

认识人靠缘分，了解人靠耐心，
征服人靠智慧，和睦人靠包容。

梦不能做太深，太深难以苏醒，
话不能说太满，太满难以圆通。

伸手只一瞬间，牵手需好多年，
放手只一刹那，撒手需一闭眼。

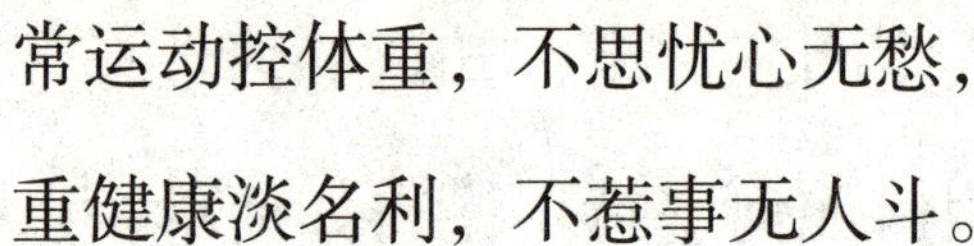

常运动控体重，不思忧心无愁，
重健康淡名利，不惹事无人斗。

海越深越平静，山越高越平稳，
天越黑月越明，人越明越淡然。

无须缅怀昨天，不必奢望明天，
只要过好今天，平安幸福天天。

生气不如争气，怨气不如和气，
闷气不如顺气，泄气不如朝气。

诽谤因其优秀，利用因有价值，
嫉妒因其优良，炒作因有引力。

感叹光阴似箭，缅怀人情冷暖，
在时光中行走，乾坤岂能唯一。

知足是处世态度，常乐是释然情怀，
人冷静使人聪慧，人激情使人豪放。

读书难读人更难，读懂人难上加难，
大浪淘沙沙淘沙，江水流急急更急。

木秀于林风必摧，露外之钉先挨打，
看人背后是君子，背后看人是小人。

越走越大是年龄，越走越少是时间，
越走越长是远方，越走越短是道路。

越走越远是梦想，越走越深是亲情，
越走越念是挚友，越走越明是人生。

举重若轻是能耐，举轻若重是心情，
心静听万物之音，眼明看万物之本。

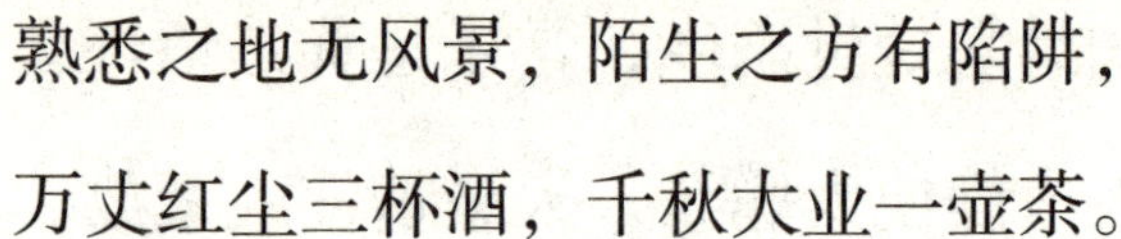

熟悉之地无风景，陌生之方有陷阱，
万丈红尘三杯酒，千秋大业一壶茶。

机会太多没机会，主张太多没主张，
朋友太多没朋友，天下知己有几何。

勿喜悦时做承诺，勿忧伤时做回答，
勿悲伤时做计划，勿愤怒时做决定。

用嘴伤人是蠢人，用手打人是坏人，
可控情绪是高人，可控荣辱是智人。

可不美丽要健康，可不伟大要庄严，
可不完美要努力，可不永恒要真诚。

聪慧人创造健康，聪明人经营健康，
明白人储存健康，糊涂人漠视健康。

心存梦想不会老，忆多梦少在变老，
忆代梦想已变老，没有梦想真正老。

人人都有不如意，家家都有难念经，
烦恼需与友诉说，委屈需与朋倾诉。

用忠诚播种人生，用热情灌溉人生，
用原则培育人生，用谅解护理人生。

人生无事事如意，想开就万事如意，
生活无样样顺心，想通就万事顺心。

人海之间是缘分，亲情之间是温暖，
朋友之间是友谊，对手之间是超越。

得失之间是从容，错误之间是原谅，
做人之间是豁达，做事之间是尽心。

放下压力获轻松，放下烦恼获快乐，

放下自卑获自信，放下懒惰获充实。

放下消极获进取，放下抱怨获舒坦，

放下犹豫获潇洒，放下狭隘获自在。

不敢生气是懦夫，不生气才是智者，

付出爱心是善举，付出善举德升华。

无经地狱般磨炼，岂有创天堂之力，

没有流过血之指，岂弹出世间之绝。

昨天是废弃支票，然无须缅怀昨天，

明天是未到存款，然不必奢望明天。

善心可化敌为友，恶行可化友为敌，

善人可一世平安，恶人可遗臭万年。

勇敢过头是鲁莽，机敏过头是圆滑，
专横过头是霸道，万事过头是自残。

诚信过头是迂腐，善良过头是软弱，
贪婪过头是腐败，施舍过头是乞丐。

有人群就有江湖，有江湖就有恩怨，
有恩怨就有争斗，有争斗就有胜败。

憎恨是心之疯狂，报复是心之野蛮，
残忍是心之怒吼，恶劣是心之咆哮。

会笑比会说重要，听话比说话重要，
做人比做事重要，今天比明天重要。

相互了解是朋友，相互理解是知己，
相互怨恨是冤家，相互仇恨是敌人。

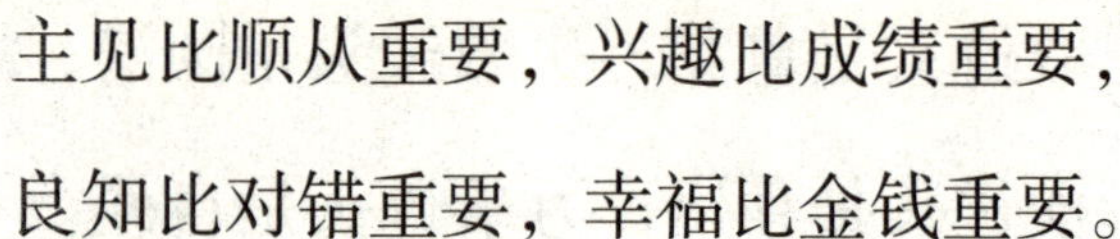
主见比顺从重要，兴趣比成绩重要，
良知比对错重要，幸福比金钱重要。

用温馨营造幸福，用智慧开创成功，
用和谐缔造和睦，用圆满欢呼辉煌。

饭要一口一口吃，事要一件一件做，
字要一笔一笔写，话要一句一句说。

生气时勿做决断，忧伤时勿做决定，
兴奋时勿做决心，高兴时勿做绝论。

被恨之人无痛苦，恨人之人遍体伤，
务必千万别恨人，凡事想开心坦荡。

与人相处切记默，与家相处切记容，
与友相处切记宽，与世相处切记忍。

过去事随风而散，错过云可拥有月，
错过风可拥有雨，错过昨可拥有今。

好茶先涩而后润，好酒先纯而后绵，
好泉先淡而后甘，好药先苦而后甜。

历史可使人深邃，哲学可使人明辨，
数学可使人严谨，文学可使人浪漫。

气度宏达不轻狂，思维缜密不慎微，
志趣淡泊不枯燥，操守严明不暴烈。

有平常心会从容，有感恩心会幸福，
有超脱心会淡然，有自知心会明智。

过度聪明易奸猾，过度谦虚易虚伪，
过度老实易愚钝，过度简朴易吝啬。

饥寒苦饱暖为福，劳累苦清闲为福，
孤独苦友多为福，忧伤苦舒心为福。

同情心才能助人，体谅心才能容人，
慈悲心才能度人，谦恭心才能服人。

好心情有好风景，好眼光有好发现，
好思虑有好主意，好细酌有好结果。

欢乐属于豁达人，幸福属于平淡人，
希望属于追求人，成功属于执着人。

顺境时切记收敛，逆境时切记忍耐，
得意时切记看淡，失意时切记沉潜。

聪明人胸怀豁达，糊涂人心胸郁闷，
健康人经常锻炼，快乐人经常说笑。

君子忍让见义勇为，小人忍耐为利舍义，
挤不进圈子不硬挤，跨不过门槛不硬迈。

因名利之需恭维你，因名利无须回避你，
千里之行始于足下，改变未来始于当下。

经得起诱惑是圣人，耐得住寂寞是伟人，
成功时高兴不捧场，不幸时鼓励不抛弃。

丰富之极致是简单，富有之极致是简朴，
灿烂之极致是平淡，情爱之极致是无声。

广厦千间夜眠六尺，良田万顷日食三餐，
富贵荣华过眼云烟，荣辱不惊笑傲江湖。

满桌佳肴需有好牙，腰缠万贯需有命花，
一路风光需走得动，金山银山需能搬动。

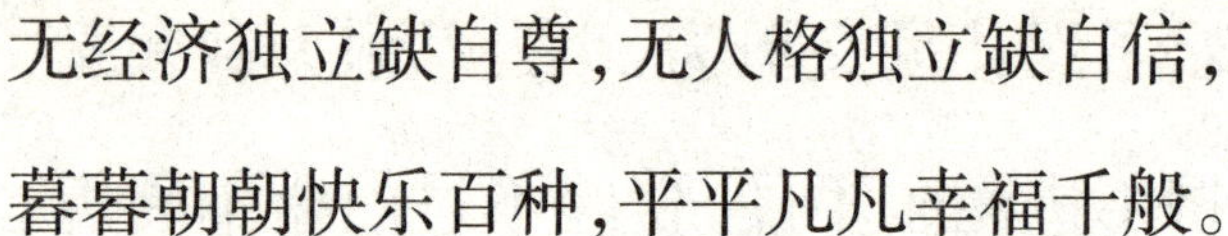
无经济独立缺自尊，无人格独立缺自信，
暮暮朝朝快乐百种，平平凡凡幸福千般。

万事看清看清心痛，万人看懂看懂伤情，
难不难都是自己过，伤不伤都是一颗心。

轻倚窗前聆听风语，星语月语两相缠绵，
情愿等到天荒地老，一帘幽梦梦醒谁人。

懂得喝酒找到感觉，懂得知足找到幸福，
懂得放下找到快乐，懂得真诚找到朋友。

路须去走才能到达，事须去做才能完成，
苦须吃尽才能甘甜，难须尝过才能消除。

收获温暖播撒阳光，收获感动付出真诚，
不怕身隔天涯海角，只怕心在东西南北。

活得随意只能平凡些，活得辉煌只能痛苦些，

活得长久只能简单些，活得潇洒只能和谐些。

彩云追月为诉说思念，骏马奔驰为寻找草原，

雄鹰展翅为飞跃高山，海燕搏击为到达彼岸。

生命之灯因希望而燃，生命之舟因拼搏而行，

世上永恒之福是平凡，人生长久之拥是爱心。

把美丽当资本是愚蠢，把美丽当资源是智慧，

能冲动对生活有激情，总冲动是不懂生和活。

烦闷时送上绵绵心语，寂寞时献上欢歌心曲，

快乐时闹得如痴如醉，得意时泼上一盆凉水。

树立理想不自命不凡，勇于创新不标新立异，

追求卓越不居功自傲，卓有见解不固执己见。

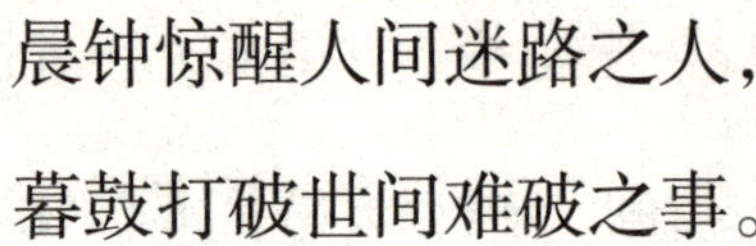

晨钟惊醒人间迷路之人，
暮鼓打破世间难破之事。

人快乐不是因拥有得多，
人幸福而是因计较得少。

漂亮之脸蛋是给他人看，
智慧之头脑是给自己用。

有权之日有人鞍前马后，
离职无权有人躲避三舍。

知识是豆浆智慧是卤水，
知识多智慧少总是豆浆。

他人关注你飞得高不高，
朋友关心你飞得累不累。

人生最大之悲哀是无知，
人生最大之希望是平安。

人生最大之忧虑是生死，
人生最大之本钱是健康。

心灵愉悦来自精神富有，
简单快乐来自心态知足。

时间会沉淀最真之情感，
风雨会考验最暖之陪伴。

明媚之日愿意借伞给你，
雷雨之时打伞悄然远去。

言论自由不是随心所欲，
行动自由不是为所欲为。

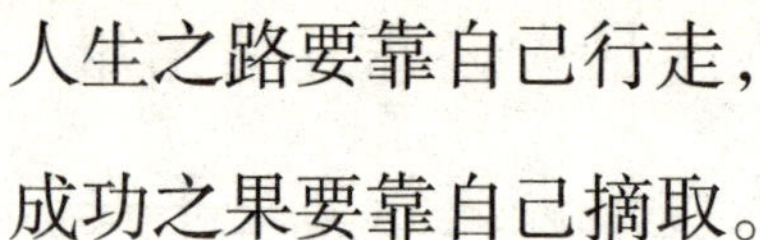

人生之路要靠自己行走，
成功之果要靠自己摘取。

赏千剑而后必识其锋刃，
唱千曲而后必晓其韵律。

大德能大贵大贵能大成，
大成能大财大财能大兴。

有钱万贯亦是黑白一天，
广厦千间亦是睡榻六尺。

种子不发芽因没有浇水，
爱情不结果因没有缘分。

不握紧拳头怎知力多大，
不咬紧牙关怎知量多强。

不狠狠跺脚怎知走多远，
不炯炯瞪眼怎知心多高。

静观花开花谢静看去留，
笑看云卷云舒笑对人生。

勿把工作烦恼带到家庭，
勿把忧愁怨恨带到明天。

做人要大方大气不放弃，
做事要公平公正不虚伪。

忆往昔酒逢知己千杯少，
看今朝酒逢千杯知己少。

空谈阔论不会梦想成真，
束之高阁不会梦想成实。

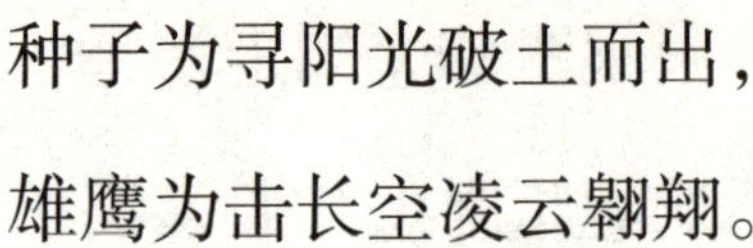

种子为寻阳光破土而出，

雄鹰为击长空凌云翱翔。

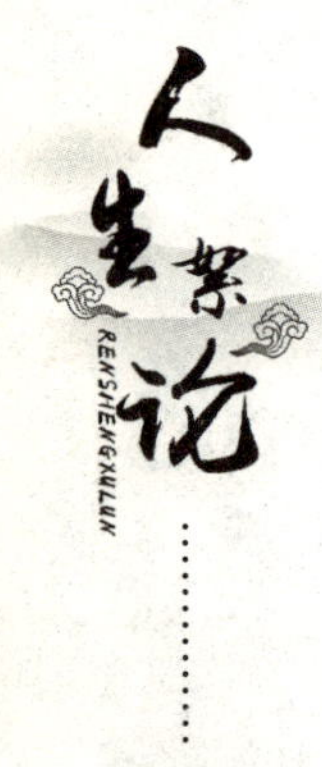

十语九正一语误遭非议，

十谋九成一谋失遭诋毁。

苦甜相磨方知甜中有甜，

悲喜相交方晓喜中有喜。

入污泥而不染两袖清风，

进官场而廉政高风亮节。

私欲正炽泼寒水可降念，

追逐名利洒寒冰可降欲。

大公无私必可明辨是非，

清正廉洁必可威严自生。

报恩宜先淡而后浓为上，

树威宜先严而后宽为高。

人之过错宜抱宽容之念，

己之过误宜抱苛责之心。

贪婪之人得金又念得银，

贪权之士封侯又欲封爵。

有疑之话不说可避过失，

有虑之事不做可免后悔。

共享一室未必志同道合，

共赴一路未必持道不变。

还没问到你便说叫急躁，

已经问到你不说叫隐瞒。

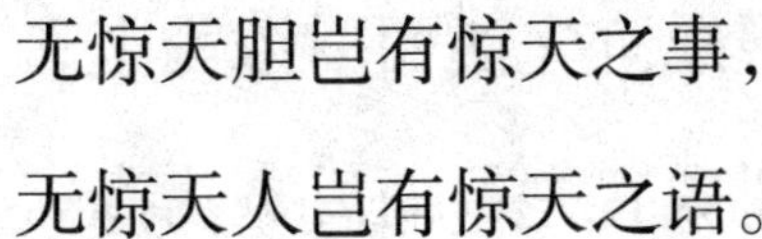

无惊天胆岂有惊天之事，
无惊天人岂有惊天之语。

箭射百步需依千斤臂力，
箭射靶中更靠千里慧眼。

博大之胸怀可包容烦恼，
广阔之心胸可容纳忧愁。

活得糊涂之人易得幸福，
活得清醒之人易得烦恼。

该表现之时必表是睿智，
该退出之时必退是修炼。

该吼叫之时必吼是威严，
该隐让之时必隐是城府。

该圆滑之时必圆是谋略，
该伸长之时必伸是成熟。

质朴超越时尚则显粗鄙，
时尚超越质朴则显虚伪。

快乐追其根是一种心境，
高兴溯其源是一种状态。

幸福本质上是一种感觉，
好运实质上是一种理想。

苦恋是世上最遥远之事，
失恋是世上最痛苦之事。

世间万物存在生死有因，
人生流年存在祸福有端。

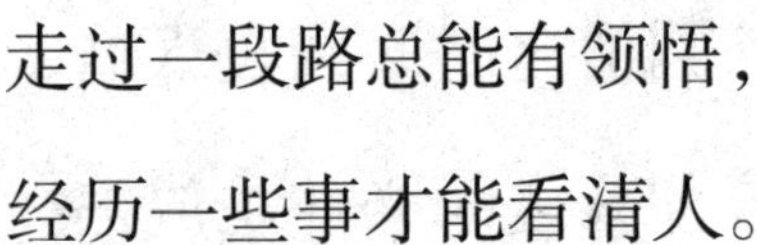

走过一段路总能有领悟，
经历一些事才能看清人。

人生价值并不在其出身，
人生履历在于如何谱写。

再熟之事不回味渐渐淡，
再熟之路不行走慢慢忘。

傻与不傻看会不会装傻，
真不真诚看是不是诚真。

要少看别人外在之污点，
要多清自己内心之垃圾。

大多数人都想改造世界，
很少有人想要改造自己。

万事勿急急中易变草率，
万事勿躁躁中易变鲁莽。

生命不在长而在于质量，
树不在高在于根深蒂固。

快乐懂得分享加倍快乐，
幸福懂得满足双倍幸福。

若有爱生活处处都可爱，
若有恨生活处处都可恨。

走过经过尝过平淡最美，
听过看过想过简单最好。

拨过光阴之弦守在最初，
相信机缘能够成全注定。

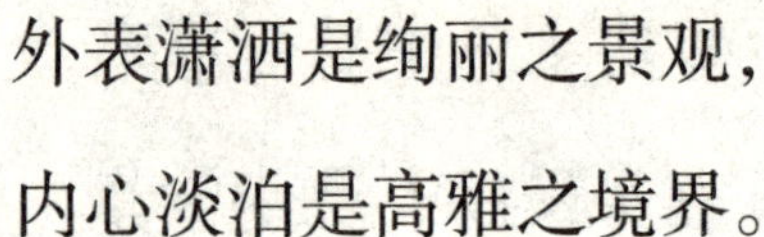

外表潇洒是绚丽之景观，
内心淡泊是高雅之境界。

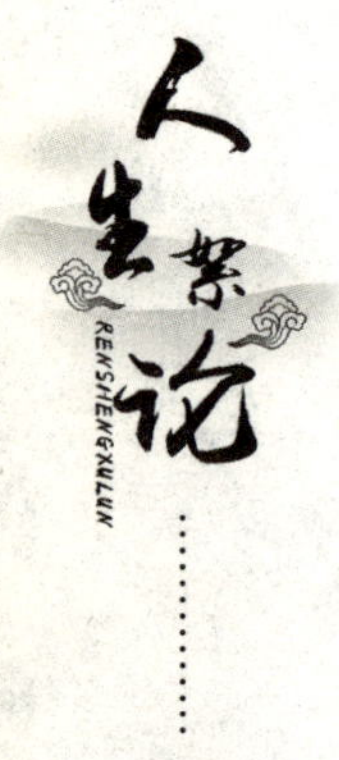

幸福是人生旅途之过客，
平淡是人生命运之常客。

人生在世既短暂又坎坷，
命运在手既可紧又可松。

生活是浩瀚无边之大海，
人生是波澜壮阔之小舟。

幸福是生命默默之问候，
幸福是心灵静静之思念。

贪婪人永远受贫穷折磨，
清贫人永远享平淡快乐。

生活幸福不是房屋几多，

而是屋里笑声甜有几何。

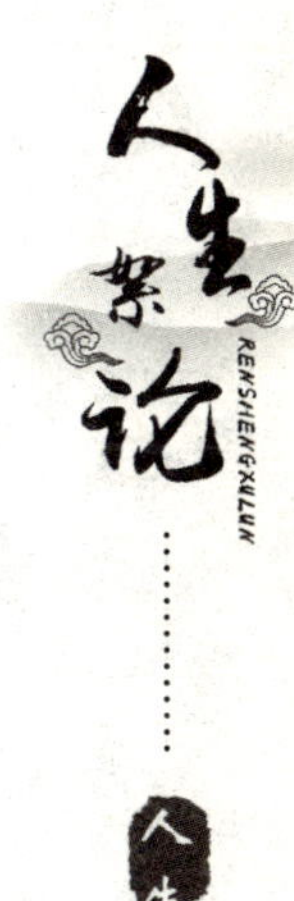

幸福不是开多豪华之车，

而是安全驾车平安到家。

幸福不是爱人有多漂亮，

而是爱人笑容有多灿烂。

男人渴望自己钱包丰满，

女人渴望自己身材苗条。

生病时发现健康最重要，

伤心时发现快乐最重要。

穷困时发现金钱最重要，

饥饿时发现温饱最重要。

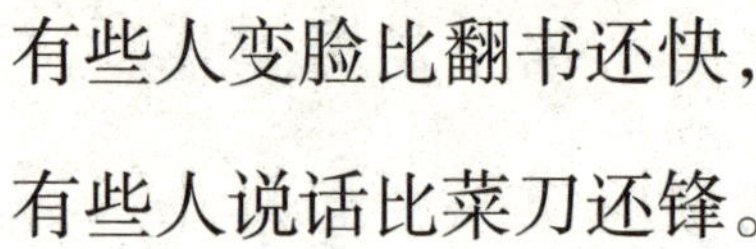

有些人变脸比翻书还快，
有些人说话比菜刀还锋。

聪明之人特点千差万别，
愚蠢之人特点千篇一律。

希望一个人高兴就做梦，
希望全家人高兴就做饭。

忧虑过度导致精神失常，
麻木不仁势必无动于衷。

高峰里蕴藏最美之风景，
雪山上盛开迷人之雪莲。

人生心态不好人生易老，
人世心境不好岁月易老。

懂得喜怒哀乐不显于脸，
明晓荣辱屈怨要藏于心。

春暖花开同赏姹紫嫣红，
数九寒天共观风雪弥漫。

人生永恒之幸福是平凡，
生活长久之拥有是珍惜。

静中能品静中世间清雅，
动中能品动中人间悲壮。

心只有一颗勿要装太满，
人只有一生勿要拼太累。

忠言可成为进步之桥梁，
良语可成为成功之阶梯。

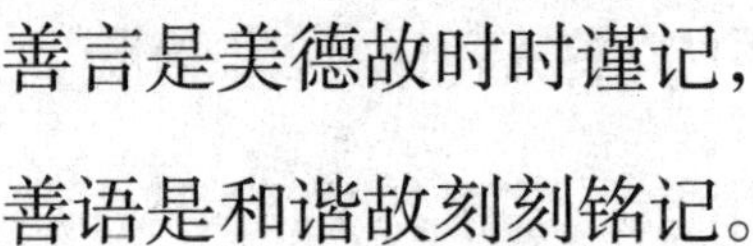

善言是美德故时时谨记，

善语是和谐故刻刻铭记。

遇事当断不断必有后患，

临时当决不决必有后灾。

烦恼在放声高歌中离去，

磨难在无所畏惧中远行。

梦想用来追逐而非幻想，

理想用来实现而非美梦。

智慧是人生飞翔之翅膀，

意志是人生行走之脚步。

紧盯水壶水永远不沸腾，

凝看花蕾花永远不绽放。

心中有多少恩就有几何福，
心中有多少怨就有几何苦。

无德之人讲不出厚德之话，
无责之人讲不出担当之语。

生容易活容易生活不容易，
名容易利容易名利不容易。

人生是有去无回之单程票，
关键是看沿途风景之心态。

如无成便会因平庸失高朋，
如有成便会因卓越失朋友。

人生无赢家最后同路相归，
人生几何最后比拼是健康。

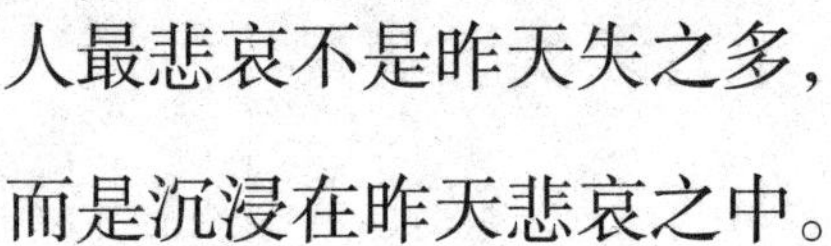

人最悲哀不是昨天失之多，

而是沉浸在昨天悲哀之中。

心胸宽广像海洋一望无际，

气度宽广像天空蔚蓝无垠。

当读懂一个人之时会感动，

当看透一个人之时会心寒。

开启窗可看更完整之天空，

打开门可步更宽广之世界。

跟苍蝇进厕所跟蜂采花朵，

跟恶人做坏事跟君成大器。

骑车再快也追赶不上宝马，

男人再优没女人不能生育。

肚量大一点脾气就小一点，
微笑多一点忧愁就少一点。

高调低调取舍间必有得失，
晴天雨天行走间必有进退。

女人悲哀莫过于失去自我，
男人悲哀莫过于失去自智。

让心灵在超越自我中升华，
让心语在创新自我中升腾。

梦想与天下相期必能实现，
希望与天下相照必能成真。

天地之间不可一日无太阳，
人心之中不可一日无希望。

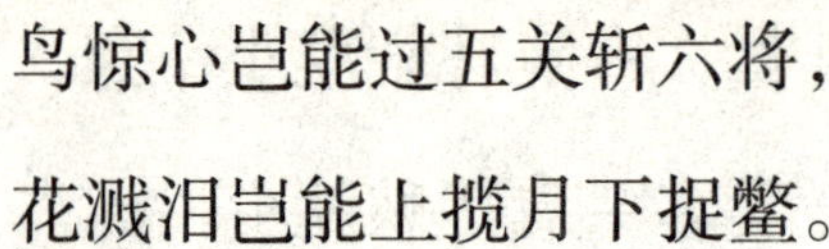

鸟惊心岂能过五关斩六将，

花溅泪岂能上揽月下捉鳖。

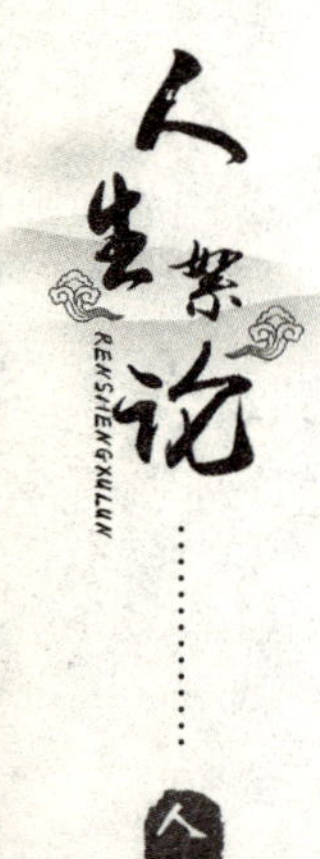

世路崎岖务留正道在人间，

官场污浊务留清名在乾坤。

世上万物皆有基无基则毁，

人间万众皆有情无情则灭。

无人因水平淡而厌倦饮水，

无人因活平淡而放弃生活。

老天从不埋怨人们之愚昧，

人们却总埋怨老天之不公。

人世间不懂言辞岂能立世，

命运里不通礼仪焉能立身。

人生中乐中思忧忧中思乐，
人世间福中思祸祸中思福。

游手好闲会使人智慧生锈，
好吃懒做会使人斗志长斑。

人生道路不可能一帆风顺，
人生旅途不可能一马平川。

实际上运气好不如心态好，
调好心态烦恼就比别人少。

最了解自己永远只有自己，
最理解自己一生只有自己。

万事随缘但不要放弃努力，
万事随风但不要放弃追求。

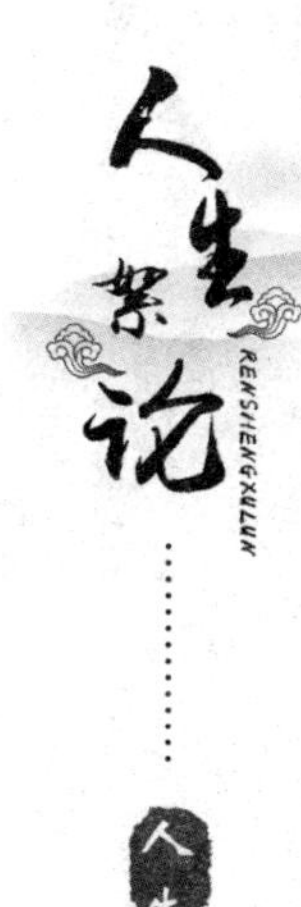

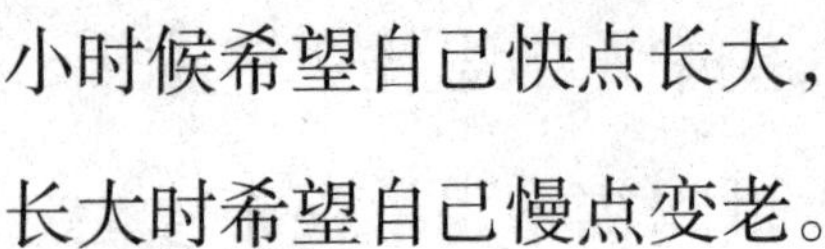

小时候希望自己快点长大，
长大时希望自己慢点变老。

时间沙漏沉淀昔日之过往，
记忆双手拾起流年之涟漪。

云总是在诉说天空之孤独，
风总是在诉说天空之无情。

雷一直在诉说天空之怒吼，
雨一直在诉说天空之残酷。

惜福珍惜拥有莫轻率用尽，
培福善有善报是利人利己。

勤者天官赐福故天道酬勤，
懒者天下不容故走投无路。

几何相遇拥抱冷酷之岁月，
几多相逢温暖无情之时光。

无论咫尺天涯让美好永恒，
无论快乐忧伤让祝福永远。

人在世不可能事事尽人愿，
人世间不可能句句如人意。

人世间几人懂得风花雪月，
命运里几何走出沧海桑田。

有些事可以计较但别太多，
有些痛可以忍受但别太久。

放声笑一回笑就笑出豪迈，
大胆哭一场哭就哭出悲壮。

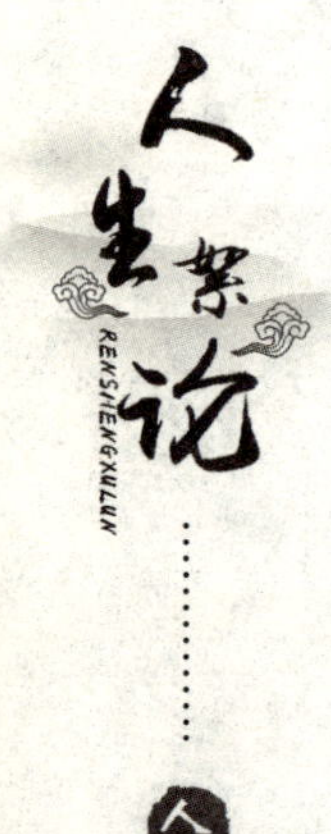

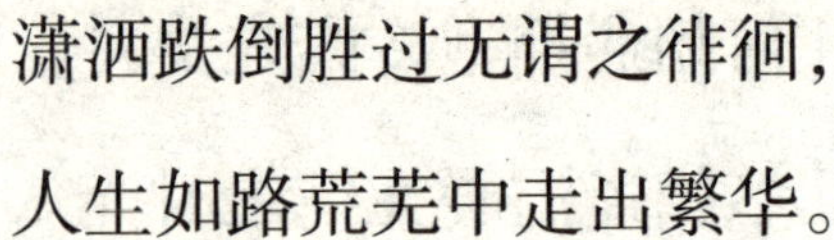

潇洒跌倒胜过无谓之徘徊，
人生如路荒芜中走出繁华。

生活是柴米油盐醋之平淡，
人生是酸甜苦辣咸之洒脱。

房间不在于大小在于温馨，
心灵不在于远近在于相通。

人生不在于顺逆在于奋斗，
生命不在于长短在于精彩。

阴暗之心托不起灿烂之脸，
阳光之心绽放起含苞之容。

泪水浸泡过之微笑最灿烂，
迷惘中走出之灵魂最清醒。

有时不是不懂只是不想懂，
有时不是不知只是不想说。

男人眼泪可以流但勿常流，
男人威风可以耍但勿常耍。

皑皑雪山有冰清玉洁之美，
潺潺小溪有清秀清澈之纯。

当今对你笑之人太多太多，
真心包容你之人太少太少。

拥有金山银山亦日食三餐，
拥有豪宅龙床亦夜寐六尺。

沏一壶香茗听风声看云涌，
饮一壶烈酒听雨声观云卷。

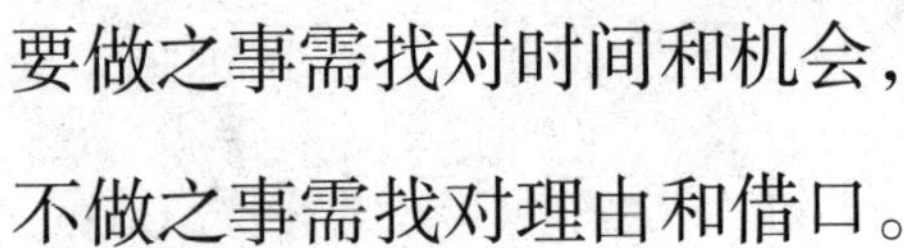

要做之事需找对时间和机会，
不做之事需找对理由和借口。

人生最重要不是努力是抉择，
世上具才华者失败处处可见。

对手间之密是我知他想他做，
他不晓我思我行即商业秘密。

据说手机 70%高档功能没用，
高档轿车 70%速度设计多余。

豪华别墅 70%之面积是空闲，
高档衣物 70%是闲置到过时。

挣钱再多 70%是遗留给他人，
癌症病人 70%据说是被吓死。

放下压力累与不累取于心态，

心灵房间净与不净决于打扫。

天使会飞是把自己看得很轻，

魔鬼会跑是把自己看得很重。

水在不同温度有不同之响声，

人在不同环境有不同之价值。

儿童时幸福是物得到就幸福，

老年幸福是心态领悟就幸福。

同学宴请可随随便便像家人，

领导宴请必小心翼翼像生人。

朋友宴请可大大方方像主人，

宴请领导要毕恭毕敬像仆人。

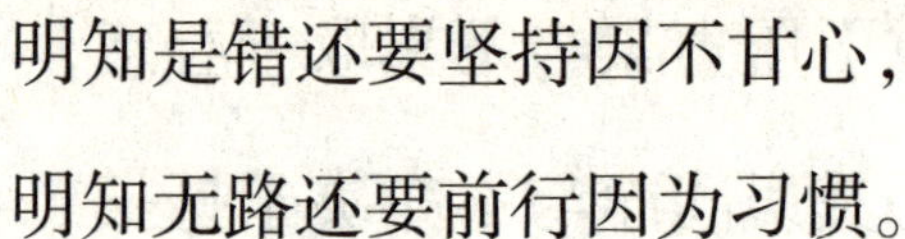

明知是错还要坚持因不甘心，

明知无路还要前行因为习惯。

有权发怒但不应践他人尊严，

有权失败但不应该自暴自弃。

晨钟暮鼓安若泰是百年之求，

荣辱不惊永相依是千年之修。

在对之时遇对之人一生之福，

在对之时遇错之人一生之痛。

在错之时遇错之人一生之悲，

在错之时遇对之人一生之叹。

脚下之路无人替你决定方向，

心中之伤无人替你揩去眼泪。

把己看太高将无视他人之力，
把己看太轻将成为他人之板。

当痛苦时要想痛苦不是永恒，
当快乐时要想快乐不是永远。

别在痛苦和郁闷中浪费时间，
别在怀念和憧憬中消耗精力。

小人以己过为人过怨天尤人，
君子以人过为己过反躬责己。

与懒惰之人交友你不会勤劳，
与懦弱之人交友你不会勇敢。

不是每次闯红灯都会被车撞，
不是每次犯错误都会被发现。

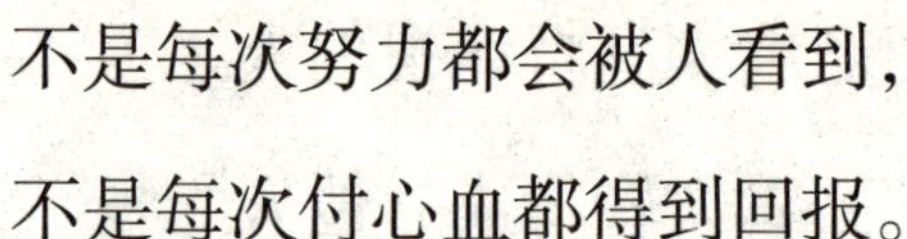

不是每次努力都会被人看到，

不是每次付心血都得到回报。

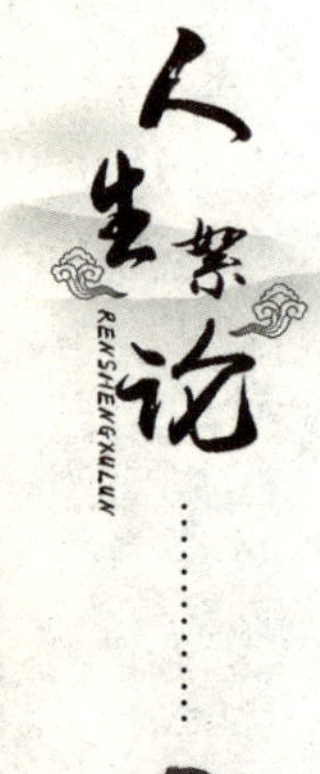

宽心闲看花开花落去留无意，

漫随天外云卷云舒变幻无常。

可以选择放弃但不放弃选择，

财富不改个性但却露出本性。

把弯路走直是聪明找到捷径，

把直路走弯是捷径找到愚蠢。

人生苦短盛衰荣辱转瞬即逝，

世间沧桑功名利禄过眼云烟。

如果你简单世界就对你简单，

如果你复杂世界就找你麻烦。

最大之幸福不是获得是拥有，

最佳之财富不是黄金是健康。

尘世间滚滚红尘似万丈深渊，

人世间恩恩怨怨似千山万壑。

积极之人在忧患中看到机会，

消极之人在机会中看到忧患。

女人浪漫娇艳不需奇装异服，

女人美丽动人不需浓妆艳抹。

人生最痛苦是梦醒无路可走，

人生最大悲剧是跌倒爬不起。

常受别人气不气别人叫佣人，

自我生气也常气别人叫俗人。

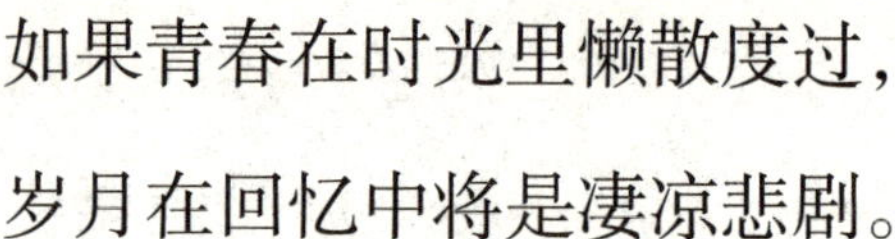

如果青春在时光里懒散度过，

岁月在回忆中将是凄凉悲剧。

思虑过多常常把人生复杂化，

明明活在现在却总不忘过去。

人生最大不幸是不认识自己，

当离开位子时不晓自己是谁。

十年前感觉自己是一棵大树，

十年后明晓自己是一根小草。

炒股不要贪婪因钱是赚不完，

炒股不要惧怕因今赔明日赚。

幸福并非时刻伴随人生脚步，

命运时时刻刻伴随人生旅途。

幸福是老人相互搀扶之双手，

幸福是长辈发自肺腑之唠叨。

有些人不是想遗忘就可遗忘，

有些事不是想摆脱就可摆脱。

白云悠悠蓝天依旧滚滚红尘，

青草绿绿阳光依旧岁岁流年。

心灵毁灭是人生最可怕贫穷，

丢钱心痛丢良心却无动于衷。

一帘幽梦梦里梦外花开花落，

一支竹笛山里山外几起几伏。

友谊不是听过多少山盟海誓，

而是在痛苦时为你擦干泪水。

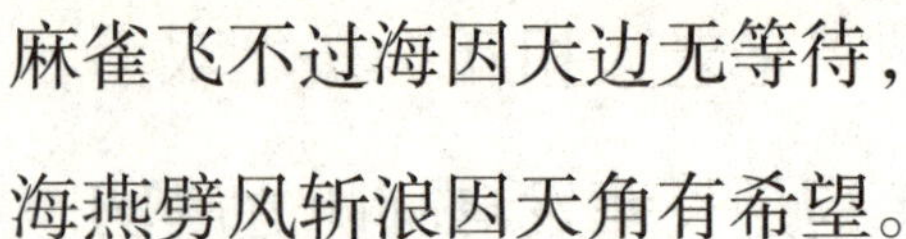

麻雀飞不过海因天边无等待，

海燕劈风斩浪因天角有希望。

红尘中有几何人能无怨无悔，

人世间有几多人能看透尘缘。

与你同笑之人可能把你忘掉，

与你同哭之人一定把他铭记。

正能量能带你走向美好人生，

优引擎能把飞机带回目的地。

秦始皇惹孟姜女长城被哭倒，

曹孟德惹小乔女赤壁被火烧。

李世民惹武媚娘江山被夺走，

咸丰帝惹慈禧皇清朝被灭亡。

股票牛市中调整一下就上涨，
股票熊市中反弹一下就下跌。

观月思牛郎织女相见一年短，
观日悟太阳月亮相见万年长。

白皙皮肤永远是女人之追求，
健壮体魄永远是男人之梦想。

帅不帅不是看外表而看修养，
美不美不是看脸蛋而看魅力。

学浅而热情胜过博学而冷酷，
才疏而德厚胜过识广而淡漠。

走过红尘面对人生风风雨雨，
度过流年回首爱情恩恩怨怨。

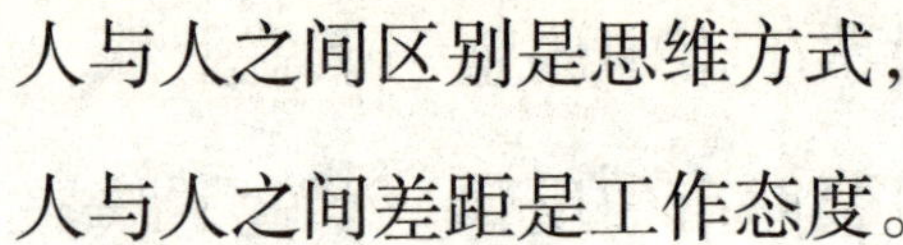
人与人之间区别是思维方式，
人与人之间差距是工作态度。

彩笔描空笔无落色空无受染，
抽刀断水刀无损锋水无留印。

博百人之欢不如释一人之怨，
期百事之耀不如避一事之败。

溪流潺潺云雾缭绕天地造物，
黄鸟声声白云悠悠心旷神怡。

山间翠竹湖中之影悦人心目，
风中柳态水上涟漪豁人灵性。

采菊山野间听鹤唳激越清亮，
悠然步庭院看醉客众醉吾醒。

拥有亿万财富人去楼空无用，

手握升迁大权人逝无滥无悔。

诽谤是刀可把无辜逼上绝路，

真理是剑可把罪恶逼上悬崖。

人遇急事勿躁心静可出奇招，

人遇烦事勿暴心平可出良策。

穿越命运回放悲欢离合之影，

回轮人生体尝酸甜苦辣之味。

长江以甘甜美汁哺中华灿烂，

黄河以浑香之乳育华夏辉煌。

静观人事古往今来人世更迭，

闲思物情花开花落年复一年。

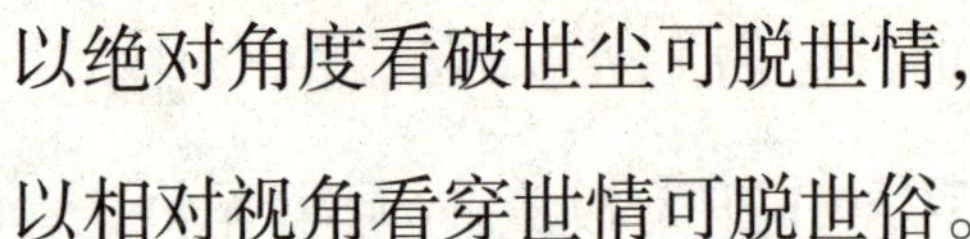

以绝对角度看破世尘可脱世情，
以相对视角看穿世情可脱世俗。

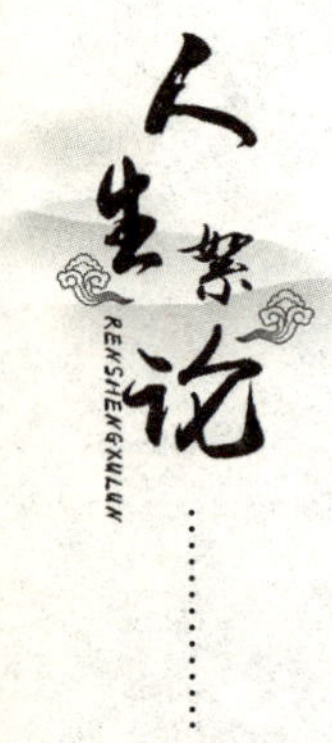

世上无快乐之地只有快乐之人，
世上有想不通之人无不通之路。

红尘中擦肩而过谁是谁之风景，
云水间莞尔一笑谁是谁之归人。

人性之悲哀在于善听溢美之语，
人性之悲剧在于常拒逆耳忠言。

快乐多烦恼少简单多纠结就少，
满足多痛苦少理解多矛盾就少。

有钱别省该出手时就出手无憾，
有怨别记相逢一笑泯恩怨超度。

冬去春来与君看庭前花开花落，

夏去秋来与君望天空云卷云舒。

爱情经得起风雨却经不起平淡，

感情经得起平淡却经不起风雨。

只有想不通之人无走不通之路，

成功者是爬起来比倒下多一次。

两只眼睛是平行但不平等看人，

两只耳朵分两边却听一面之词。

鹰不需鼓掌搏击蓝天展翅翱翔，

鱼无人怜悯自由自在迎风穿浪。

人生精彩不是实现梦想之瞬间，

而是坚持不懈实现梦想之过程。

感谢曾欺骗你之人因增长智慧，

感谢曾伤害你之人因磨炼心志。

感谢曾遗弃你之人因坚定自强，

感谢曾绊倒你之人因强化双腿。

一流人才把三流工作做成一流，

三流人才把一流工作做成三流。

善待自己最好方法是善待别人，

善待别人最好方法是宽容别人。

可清高需存宽容心否则是孤傲，

可仁慈需存果断行否则是软弱。

度岁月看人间冷暖赏天高云淡，

人生路宽窄总有时看云卷云舒。

有人可与你做爱却不能与你恋爱，
有人能与你同床却不能与你同路。

用行动控制情绪勿情绪控制行动，
让心灵启迪智慧勿手脚指挥心灵。

同支舞曲不同舞者跳不同之花样，
同支舞曲不同演奏有不同之音韵。

咖啡苦甜不在搅拌而在放糖几何，
伤痛不在忘记而在是否燃起希望。

人生本不易生命本不长何必烦恼，
梦己所梦想己所想爱己所爱随心。

凡事多为他人着想才能心想事成，
凡事心平气和沟通才能遂心如意。

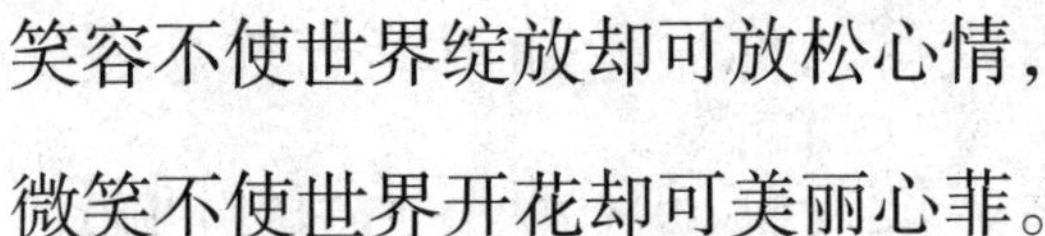

笑容不使世界绽放却可放松心情，
微笑不使世界开花却可美丽心菲。

潮起潮落花开花谢谁是谁之过客，
缘聚缘散人走人留谁是谁之红颜。

时令本来就有春夏秋冬遇事莫急，
人生本来就有忧伤情仇遇事淡定。

人总是珍惜未得到而遗忘所拥有，
人总是留恋所拥有而忘记所追求。

心中装满宽容是是非非一笑释然，
心中装满淡薄功名利禄一笑坦然。

爱上不该爱之人是爱恋走向消失，
爱上不爱你之人是爱恋走向无奈。

有心之人不管你在与不在都会惦念，

无心之情无论你好与不好只是漠然。

无爱情之生活同只有饭没有菜之桌，

缺少爱之婚姻同只有水没加盐之菜。

无目标之人永远为有目标之人工作，

无论蛋碰石还是石碰蛋碎掉都是蛋。

工作像织毛衣一针一线细心而漫长，

拆除时轻轻一拉转眼间变成一堆线。

有些事明知错也要坚持因为不甘心，

有时明知没路却还在行因为不放弃。

人生重要不是从哪里来而是到哪去，

井是挖出来路是走出来事是做出来。

善发现他人之优转为己长是聪明人，
善把握人生之遇转为己遇为优秀者。

得失看淡尽心随缘过去放下展未来，
逆境忍顺境收敛得意看淡失意随缘。

完美是理想追求之时且握做人尺度，
快乐是生活必需之时且守善良底线。

小不是成大不是成由小变大才是成，
把事当事业做永远会走在成功路上。

观山枯木因无用而无伐思无用是福，
看栏瘦羊因其瘦而无宰悟吃亏是福。

人生旅途走走停停寻寻觅觅追梦想，
人生情路恩恩怨怨朝朝暮暮追爱情。

帝王立志造业犹如青天白日不可不知，
君子才华横溢仍像玉韫珠藏不可易晓。

切勿独占独荣独享否则可能独吞苦果，
切勿独占独霸独吞否则可能独上西下。

悲痛勿锁眉头开心灵之窗让阳光洒进，
忧伤勿闭心扉推心灵之门让春光沐浴。

没有血水与汗水不可能有成功之泪水，
没有挫折与失败不可能有成功之喜悦。

当辗转难以入眠时想想无家可归之人，
当堵车心急如焚时想想无车可乘之士。

人颓废往往不是前途坎坷是自信丧失，
人痛苦往往不是生活不幸是希望破灭。

航海者比观望者冒险大但有望达彼岸，

勤劳者比懒惰者出力大但有望收获多。

斧头小多劈几次可将坚硬之树木伐倒，

苹果五分钟吃掉五分钟却长不出果实。

人无完人金无足赤人生不能一帆风顺，

万事千万不能强求放宽心态顺其自然。

感情投资之高是雪中送炭非锦上添花，

友情投资之巧是礼尚往来非海誓山盟。

能让他人乐是奉献让自己快乐是智慧，

有舞台能演角色没舞台静坐做好观众。

风吹雨打方知生活苦尽甘来品赏人生，

命里有时终会有命里无时切莫强又求。

社会像鱼塘泥沙混杂污水浑浊鱼照常生长，
家庭像鱼缸水要清澈见底不然鱼无法生存。

人之涵养不在心平气和时而在心浮气躁时，
人之理性不在风平浪静时而在众声喧哗中。

人愚蠢不是没有发现陷阱而是又掉进陷阱，
人寂寞不是想等之人没来而是已从心走出。

人生喜乐不再做多少事而在于做对几何事，
心中释然不是牵挂多少人而在放下几多人。

路中有路悲欢离合沟坎要独跨看如何领悟，
相聚分离过客匆匆一路奔波几何勿留遗憾。

看开生机无限看透春光明媚心中风景优美，
人生逝去无悔看开阳光灿烂心中美景如画。

附 1　书法

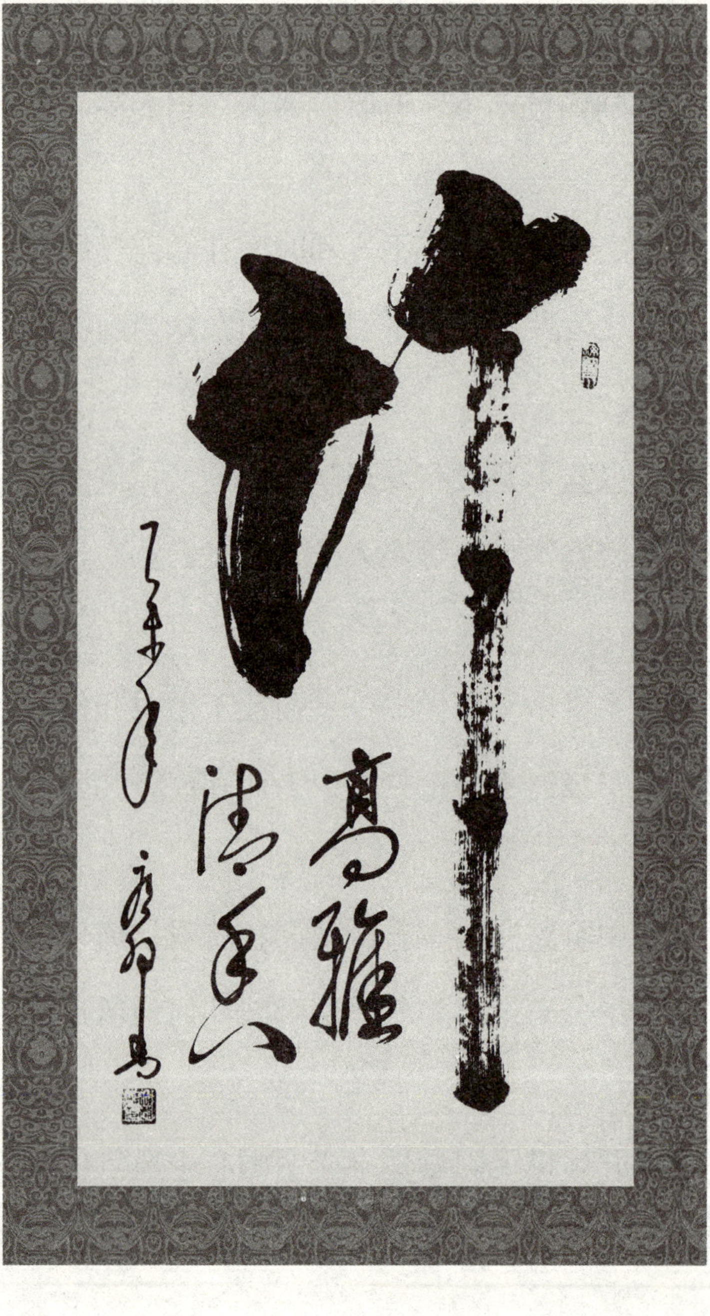

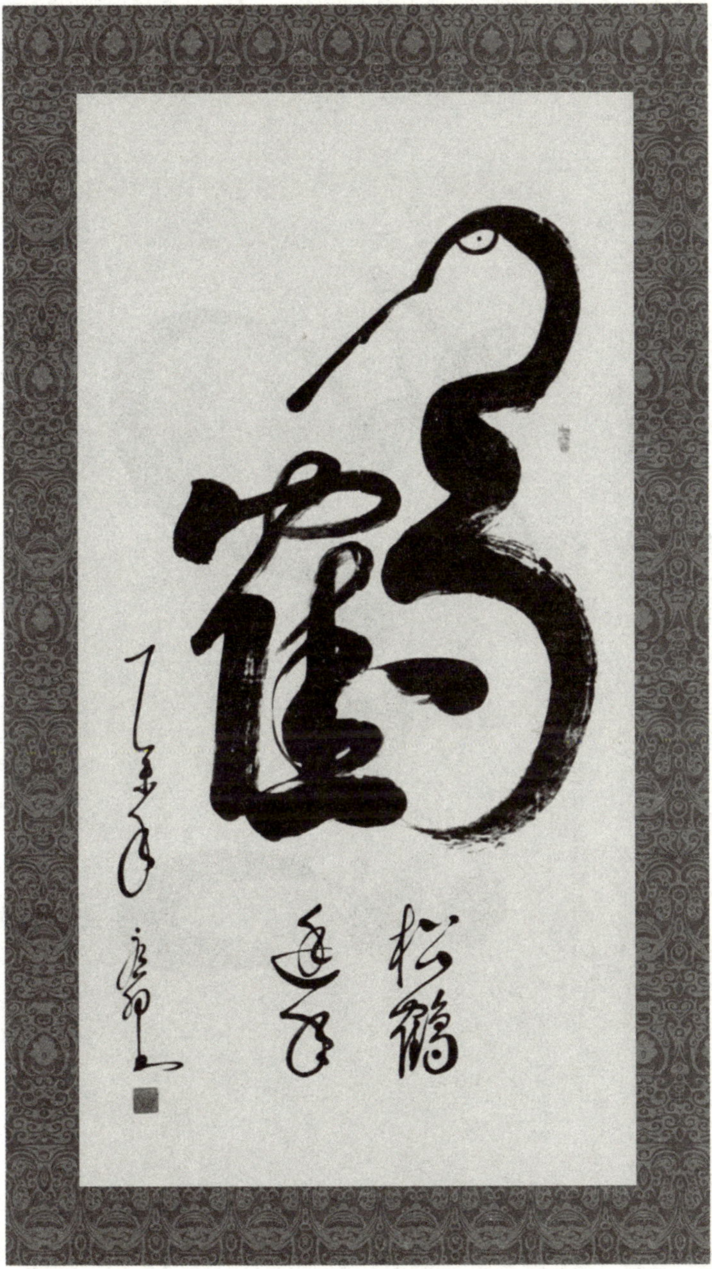

人生絮说
RENSHENGXULUN

书法

人生絮说
RENSHENGXULUN
书法

人生絮说
RENSHENGXULUN

书法

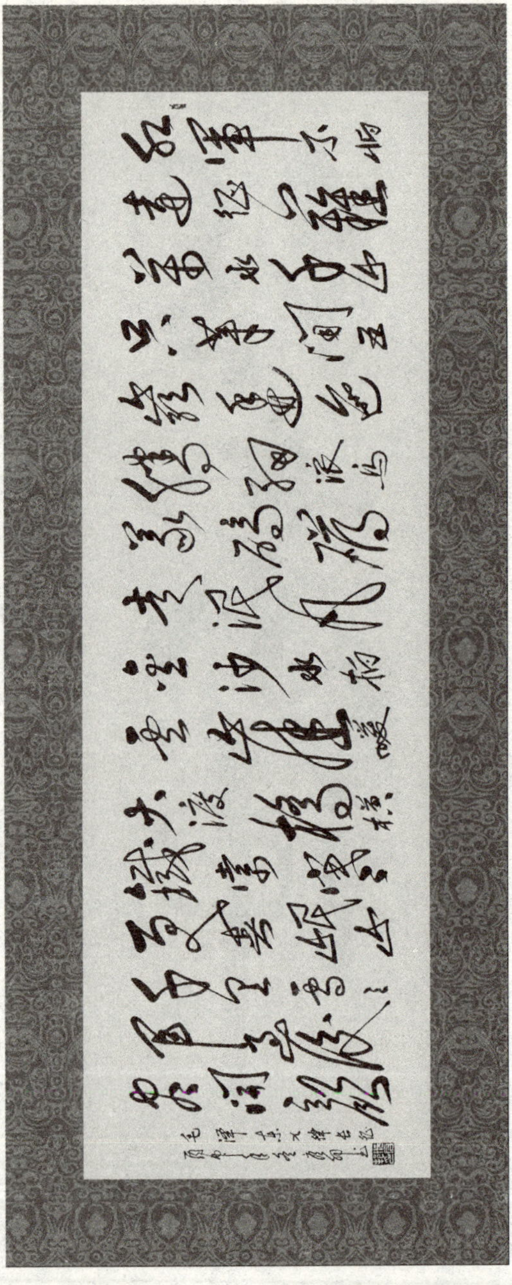

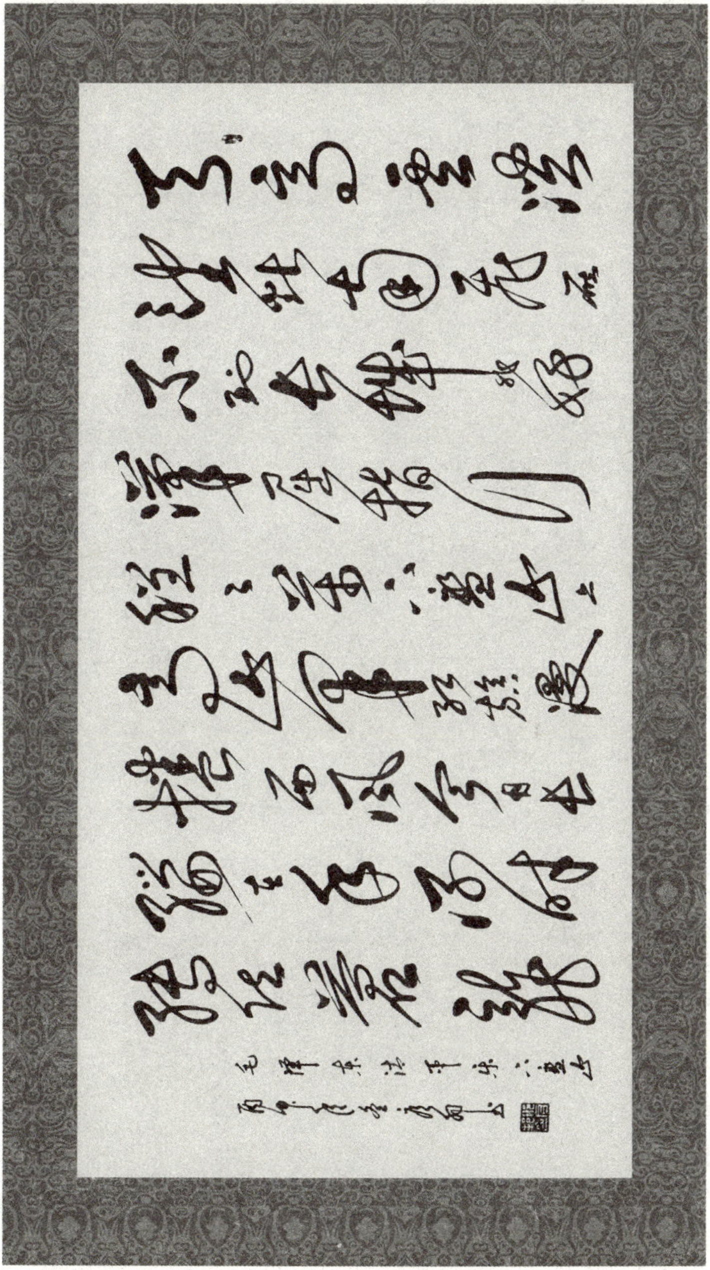

书法

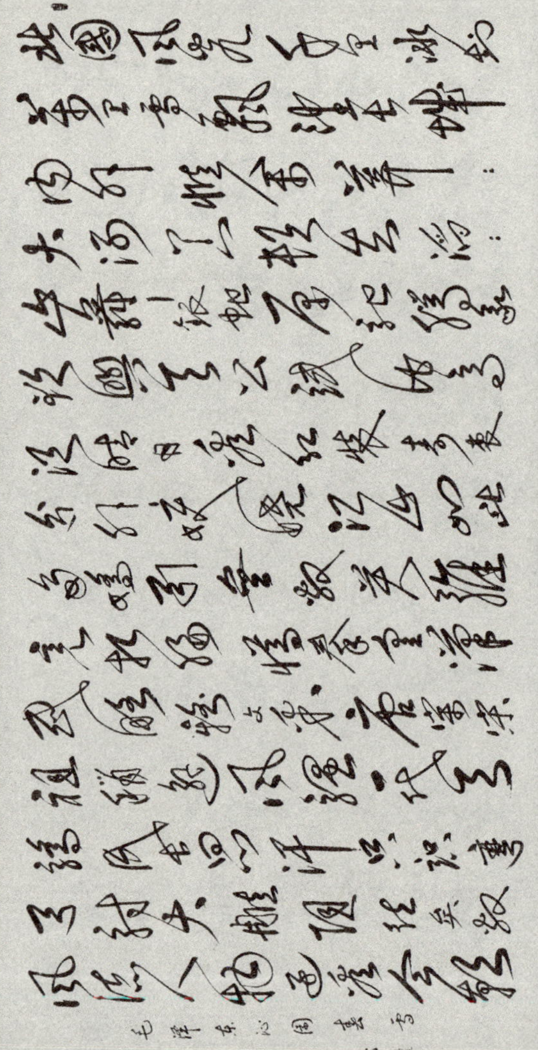

附 2 歌曲

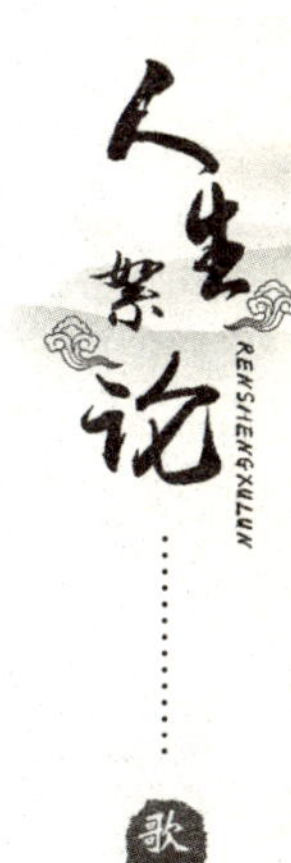

梦飞扬

1=C $\frac{2}{4}$

慢板

邢启邦 曲
邢启邦 词

3 6 7 1̇ | 1̇ 2̇ 1̇ | 7 5 3 | 6 - |
彩 云 追 月 是 为 诉 说 思 念

3 4 5 6 | 6 5 4 | 3 2 4 | 3 - |
骏 马 奔 驰 是 为 寻 找 草 原

3 6 7 1̇ | 1̇ 1̇ 6 | 3̇. 2̇ 1̇ | 2̇ - |
雄 鹰 展 翅 是 为 飞 越 高 山

1̇ 7 3 5 | 7 1̇ 7. 6 | 5 6. 6 | 0 0 |
海 燕 搏 击 是 为 到 达 彼 岸

|: 6 6 7 | 1̇ 1̇ 3̇ | 2̇ - | 3 3 6 | 7 7 2̇ | 1̇ - |
啊

1
6 1̇ 7 7 | 7 - | 6 3 7 7 | 7 - :||
我 心 飞 翔 我 梦 飞 扬

2
3 6 7 7 | 7 - | 5. 3 5 6 | 6 - ||
我 心 飞 翔 我 梦 飞 扬

图书在版编目（CIP）数据

人生絮论 / 邢启邦著. -- 济南 ：山东人民出版社,2016.12

ISBN 978-7-209-10383-1

Ⅰ. ①人… Ⅱ. ①邢… Ⅲ. ①人生哲学－通俗读物Ⅳ. ①B821-49

中国版本图书馆CIP数据核字(2017)第007914号

人生絮论

邢启邦 著

主管部门 山东出版传媒股份有限公司
出版发行 山东人民出版社
社　　址 济南市胜利大街39号
邮　　编 250001
电　　话 总编室（0531）82098914
　　　　 市场部（0531）82098027
网　　址 http://www.sd-book.com.cn
印　　装 山东华立印务有限公司
经　　销 新华书店

规　　格 32开（148mm×210mm）
印　　张 7.625
字　　数 150千字
版　　次 2016年12月第1版
印　　次 2016年12月第1次
印　　数 1-1000
ISBN 978-7-209-10383-1
定　　价 36.00元